Python
机器学习实战

基于Scikit-learn与PyTorch的神经网络解决方案

[印] 阿什温·帕扬卡 (Ashwin Pajankar)
阿迪亚·乔希 (Aditya Joshi)　　　／著　　欧　拉／译

清华大学出版社
北京

内 容 简 介

本书基于作者多年的积累，通过概念及其解释、Python 代码示例及其解释和代码输出，特别针对零基础读者精心设计了这本机器学习进阶指南。全书包含 3 部分 16 章的内容，在介绍完编程和数据处理基础之后，探讨了监督学习（如线性回归、逻辑回归及决策树、朴素贝叶斯和支持向量机）、集成学习以及无监督学习（如降维和聚类等）。值得一提的是，书的最后讲到了神经网络和深度学习的基本思想，探讨了人工神经网络、卷积神经网络和递归神经网络。

本书适合零基础且希望了解和掌握机器学习的读者阅读与参考。

北京市版权局著作权合同登记号　图字：01-2023-2917

First published in English under the title
Hands-on Machine Learning with Python:Implement Neural Network Solutions with Scikit-learn and PyTorch
by Ashwin Pajankar, Aditya Joshi: 1st Edition
Copyright @ Ashwin Pajankar, Aditya Joshi, 2022
This edition has been translated and published under licence from
APress Media, LLC, part of Springer Nature.

图书在版编目(CIP)数据

Python机器学习实战：基于Scikit-learn与PyTorch的神经网络解决方案 / （印）阿什温·帕扬卡（Ashwin Pajankar），（印）阿迪亚·乔希（Aditya Joshi）著；欧拉译. —北京：清华大学出版社，2023.8
ISBN 978-7-302-64297-8

Ⅰ．①P… Ⅱ．①阿… ②阿… ③欧… Ⅲ．①软件工具－程序设计②机器学习 Ⅳ．①TP311.561②TP181

中国国家版本馆CIP数据核字(2023)第139157号

责任编辑：文开琪
封面设计：李　坤
责任校对：周剑云
责任印制：丛怀宇
出版发行：清华大学出版社
　　　　　网　　址：http://www.tup.com.cn, http://www.wqbook.com
　　　　　地　　址：北京清华大学学研大厦A座　　　　　　邮　　编：100084
　　　　　社 总 机：010-83470000　　　　　　　　　　　邮　　购：010-62786544
　　　　　投稿与读者服务：010-62776969, c-service@tup.tsinghua.edu.cn
　　　　　质量反馈：010-62772015, zhiliang@tup.tsinghua.edu.cn
印 装 者：涿州汇美亿浓印刷有限公司
经　　销：全国新华书店
开　　本：178mm×230mm　　　　　印　　张：18　　　　　字　　数：322千字
版　　次：2023年9月第1版　　　　　印　　次：2023年9月第1次印刷
定　　价：99.00元

产品编号：102440-01

前　言

我们一直想要合作写一本以机器学习为主题的书。十年前，我们刚开始接触 AI。如今，这个领域已经有了突飞猛进的发展和扩张。作为终身学习者，我们意识到，在最开始接触任何领域时，都需要一份更明晰的资料来清楚地指明前方的道路。在通过阅读、学习和利用所学的知识来加强学习体验的过程中，也需要一系列明确的解释和偶尔的灵感。我们在软件开发、数据科学和机器学习的学术经历与职业生涯中经常使用 Python。通过这本书，我们做了一次非常谦卑的尝试，为绝对零基础的初学者写一本以机器学习为主题的分步骤指南。本书的每一章都包含对概念的解释、代码示例、对代码示例的解释以及代码输出截图。

第 Ⅰ 部分包含 4 章的内容。第 1 章讲解不同平台上如何设置 Python 环境。第 2 章涉及 NumPy 和 Ndarray。第 3 章探讨如何用 Matplotlib 进行可视化。第 4 章介绍 Pandas 数据科学库。最开始的这几章都旨在建立编程和基本的数据处理基础，这是学习机器学习的先决条件之一。

第 Ⅱ 部分探讨传统的机器学习方法。在第 5 章中，我们先对机器学习领域进行概览，然后讲解如何安装 Scikit-learn，并介绍一个简短而快速的使用 Scikit-learn 的机器学习解决方案示例。第 6 章详细说明一些方法，以帮助大家理解结构化数据、文本数据和图像数据，并将这些数据转化为机器学习库所能接受的格式。第 7 章介绍监督学习式，讲解了针对回归问题的线性回归和针对分类问题的逻辑回归和决策树。在每个实验中，我们还展示了如何利用决策边界图（decision boundary plot）来绘制算法所学到的可视化内容。第 8 章深入研究如何进一步微调机器学习模型。我们解释了一些评估模型性能的想法，过拟合和欠拟合的问题，以及处理这些问题和提升模型性能的方法。第 9 章继续探讨监督式学习方法并重点介绍朴素贝叶斯和支持向量机。第 10 章讲解集成学习，这种解决方案将多个较简单的模型结合起来，以获得比单独这些模型更好的性能。在第 11 章中，我们讨论了无监督学习，并重点关注降维、聚类和频繁模式挖掘方法。每个部分都包含一个使用 Scikit-learn 实现所讨论方法的完整例子。

最后，第 Ⅲ 部分中的第 12 章介绍神经网络和深度学习的基本思想。我们介绍了一个非常流行的开源机器学习框架 PyTorch，后续章节的例子都会用到它。第 13 章讲解人工神经网络，并深入论述了前馈（feedforward）和反向传播（backpropagation）的理论基础，然后要地介绍损失函数（loss function）和一个简单神经网络的例子。在后半部分中，我们解释了如何创建一个能够识别手写数字的多层神经网络。在第 14 章中，我们讨论卷积神经网络并讲述了一个图像分类案例。第 15 章探讨递归神经网络，并指导您解决一个序列建模问题。在最后的第 16 章中，我们论述规划、管理和设计机器学习和数据科学项目的策略。我们还讲解了一个端到端的案例，它很简短，使用了深度学习来进行情感分析。

如果是初次接触这个主题，那么我们强烈建议您按照章节顺序阅读本书，因为其中概念是相互关联的。仔细阅读所有代码，可以随意地尝试修改和调整代码结构、数据集和超参数。

如果对一些主题已经有所了解，请随意跳到自己感兴趣的章节并深入研究相关内容。祝大家学习顺利。

致　谢

我想对阿迪亚·乔希表示感谢，他以前是我在印度理工学院海德拉巴分校的学弟，现在是我值得尊敬的同事，他撰写了本书中最主要且最关键的部分。我还要感谢我在 Apress 的出版顾问，Celestin、Aditee、James Markham 和编辑团队。我想要感谢那些帮助我把这本书写得更好的审阅者。我还要感谢 Govindrajulu 教授的家人——他的儿子 Srinivas 和儿媳 Amy，允许我把这本书献给他们，并向我分享教授的传记资料和照片，供我出版。

——阿什温·帕扬卡

我是在我父亲 Ashok Kumar Joshi 的鼓励和支持下着手写这本书的。遗憾的是他去世得太早，没能亲眼见证这本书的完成。我非常感谢我的朋友和家人，尤其是我的母亲 Bhavana Joshi，他们的持续支持是我完成这个项目的动力。我还想对我的妻子 Neha Pandey 表示由衷的感谢，在我加班加点工作时，她给予我足够的支持和耐心，特别是在周末。我要感谢阿什温·帕扬卡，他不仅是我的合著者，而且引领我写完这本书。我还要感谢 Innomatics 团队的 Kalpana Katiki Reddy、Vishwanath Nyathani 和 Raghuram Aduri，他们使我有机会与里面在学习数据科学和机器学习的学生进行交流。我还要感谢 Akshaj Verma 在书一个进阶章节中提供的代码实例支持。我还要感谢 Apress 的编辑团队，特别是 Celestin Suresh John、Aditee Mirashi、James Markham 以及参与这一过程的所有人。

——阿迪亚·乔希

关于著译者

阿什温·帕扬卡（Ashwin Pajankar）是一名技术类作家、讲师、内容创作者和YouTuber主播。他在南德的SGGSIE&T获得了工程学士学位，在印度理工学院海德拉巴校区获得了计算机科学与工程硕士学位。他在7岁的时候接触到电子技术和计算机编程。BASIC是他学会的第一种编程语言。他还用过其他很多编程语言，比如汇编语言、C、C++、Visual Basic、Java、Shell Scripting、Python、SQL和JavaScript。他还非常喜欢使用单板计算机和微控制器，比如树莓派、Banana Pro、Arduino、BBC Microbit和ESP32。

他目前正专注于发展YouTube频道，内容涉及计算机编程、电子技术和微控制器。

阿迪亚·乔希（Aditya Joshi）是一名机器学习工程师，他曾经在早中期创业公司的数据科学和机器学习团队工作。他在浦那大学获得了工程学士学位，在印度理工学院海德拉巴校区获得了计算机科学与工程硕士学位。他在硕士学习期间对机器学习产生了兴趣，并与印度理工学院海德拉巴校区的搜索和信息提取实验室有了联系。他喜欢教学，经常参加培训研讨会、聚会和短期课程。

欧拉在校期间多次入选"优等生名单"，奉行深思笃行的做事原则，擅长于问题引导和拆解，曾经运用数据模型和R语言帮助某企业在半年内实现了十倍的增长。美食爱好者。有多部译著，翻译风格活泼而准确，有志于通过文字、技术和思维来探寻商业价值与人文精神的平衡。目前感兴趣的方向有机器学习和人工智能。

关于技术审阅者

　　乔斯·科斯坦杰（Joos Korstanje）是一名数据科学家，他在开发机器学习工具方面（其中很大一部分是预测模型）拥有超过 5 年的从业经验。他目前就职于法国巴黎迪斯尼乐园，为各种工具开发机器学习模型。

目　　录

第 I 部分　PYTHON 机器学习

第 III 部分 神经网络和深度学习

第 I 部分

PYTHON 机器学习

第1章

Python 3 和
Jupyter Notebook 入门

希望各位读者已经浏览了前言和目录，它们非常重要。如果您是一名初学者，请不要跳过这一章。一旦涉足机器学习和人工智能领域，就有必要了解该领域中使用的工具和框架。本章将为书中涉及的机器学习与 Python 编程打下基础，向初学者读者介绍 Python 编程语言、科学 Python 生态以及用来进行 Python 编程的 Jupyter Notebook。

我们在本章中要学习以下主题：
- Python 概述
- 安装 Python
- Python 模式
- Pip3 工具
- 科学 Python 生态系统
- Python 的实现和分布

学习完本章后，我们就准备好在 Windows 和 Debian Linux 上安装、运行程序和 Jupyter notebook 了。

1.1 Python 概述

Python 3 是一种现代编程语言。它具有面向对象和过程式编程的特性，能够在各大平台上运行。对于一般读者来说，最方便的平台是 macOS、Windows 和各种 Linux 发行版。Python 适用于所有这些平台。一个主要优势是，在一个平台上编写的代码在另一个平台上也可以运行，不需要对代码做任何大的改动（除了一些平台专用代码）。若想进一步了解 Python，请访问 www.python.org。

1.1.1 Python 编程语言的历史

ABC 语言是 Python 编程语言的前身。ABC 语言的灵感来自 ALGOL 68 和 SETL 编程语言。Python 编程语言是由吉多·范罗苏姆（Guido Van Rossum）在 20 世纪 80 年代末某个圣诞节假期作为业余项目而创建的。他当时就职于荷兰阿姆斯特丹的国家数学和计算机科学研究学会。范罗苏姆毕业于阿姆斯特丹大学计算机科学专业。他在谷歌和 Dropbox 工作过，目前就职于微软。

Python 有两个主要的、不兼容的版本：Python 2 和 Python 3。，整个编程世界都在逐渐从 Python 2 转向 Python 3。在本书的所有演示中，我们都将使用 Python 3。从现在开始，一旦提到 Python，指的都是 Python 3。

1.1.2 Python 编程语言的哲学

Python 编程语言的哲学被称为"Python 之禅（The Zen of Python）"，详情可访问 www.python.org/dev/peps/pep-0020/ 查阅。PEP（Python Enhancement Proposal，Python 增强提案）的要点如下，其中有几个非常有趣。

1. 优美胜于丑陋。
2. 明了胜于晦涩。
3. 简单胜于复杂。
4. 复杂胜于晦涩。
5. 扁平胜于嵌套。
6. 间空胜于紧凑。
7. 可读性很重要。

8. 特例不足以特殊到违背这些原则。

9. 实用性胜过纯粹。

10. 永远不要默默地忽视错误。

11. 除非明确需要这样做。

12. 面对模棱两可，拒绝猜测。

13. 解决问题最直接的方法应该有一种，最好只有一种。

14. 当然这是没法一蹴而就的，除非您是荷兰人。

15. 做也许好过不做。

16. 但不想就做还不如不做。

17. 如果方案难以描述明白，那么一定是个糟糕的方案。

18. 如果实现容易描述，那可能是个好方案。

19. 命名空间是一种绝妙的理念，多加利用！

这些是通用哲学准则，几十年来影响着 Python 编程语言的发展，而且未来还将继续。

1.1.3　Python 的使用范围

Python 应用于以下众多的领域：

1. 教育

2. 自动化

3. 科学计算

4. 计算机视觉

5. 动画

6. 物联网

7. 网络开发

8. 桌面和移动应用程序

9. 行政管理

我们可以在 www.python.org/about/apps/ 上进一步查看所有应用。许多组织都用 Python 构建应用程序。若想了解这些成功故事，可以前往 www.python.org/success-stories/。现在，让我们开始书写自己的成功故事。

1.2 安装 Python

我们将详细介绍如何在 Windows 上安装 Python 3。访问 www.python.org，将鼠标指针悬停在 Download（下载）选项上，这将显示下载菜单，并根据操作系统显示相应的选项。在我们的例子中，它将显示 Download for Windows（在 Windows 上下载）的选项。下载该文件。它是一个可执行的安装文件。我们这里下载的是 64 位版本的可安装文件。如果您使用的是其他架构（比如 32 位），那么它将下载相应的文件。图 1-1 显示了用于 Windows 的 Python 3 下载选项。

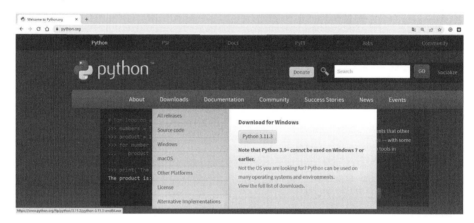

图 1-1   用于 Windows 系统的 Python 3 下载选项

下载完毕后，打开该文件。一个如图 1-2 所示的窗口将会弹出。不要忘记勾选所有复选框，以将 Python 的安装文件夹添加到 Windows 环境中的 PATH 变量中。这将使我们能够通过命令提示符启动 Python。

图 1-2   在 Windows 上安装 Python 3（勾选所有复选框）

点击 Install Now（立即安装）选项（需要管理员权限）。安装成功后，显示如图 1-3 所示的信息。

图 1-3　Python 3 安装成功信息

现在，关闭该窗口，我们已经准备好踏上旅程了。

1.2.1　在 Linux 发行版上安装 Python

Python 2 和 Python 3 已经预安装在所有主要的 Linux 发行版上了。本章的后面部分中将会展示这一点。

1.2.2　在 macOS 上安装 Python

若想查看对在 macOS 上安装 Python 的详细说明，可以访问 https://docs.python.org/3/using/mac.html。

1.3　Python 模式

接下来我们将研究一下 Python 的各种模式，并编写第一个 Python 程序。

1.3.1　交互模式

Python 为我们提供了交互模式。我们可以通过打开 Windows 自带的 IDLE（Integrated Development and Learning Editor，集成开发和学习编辑器）来调用 Python 的交互模式。只需要在 Windows 搜索栏中输入 IDLE 这个词，然后点击出现的 IDLE 图标即可，如图 1-4 所示。

All
Apps
Documents
Web
More
Best match
IDLE (Python 3.9 64-bit)
App
Search the web
idle - See web results
IDLE (Python 3.9 64-bit)
App
Open
Run as administrator
Open file location
Pin to Start
Pin to taskbar
Uninstall
Page 5
idle (Python 3.9 64-bit)

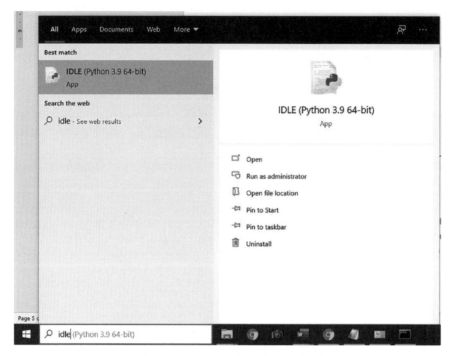

图 1-4　在 Windows 系统上启动 IDLE

这会显示如图 1-5 所示的窗口。

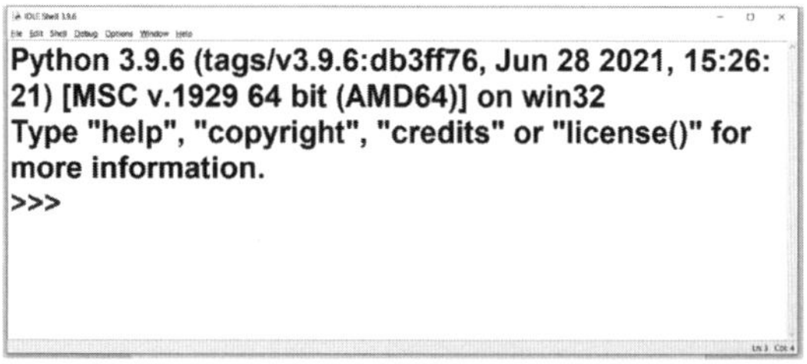

Python 3.9.6 (tags/v3.9.6:db3ff76, Jun 28 2021, 15:26:21) [MSC v.1929 64 bit (AMD64)] on win32
Type "help", "copyright", "credits" or "license()" for more information.
>>>

图 1-5　Windows 上的 IDLE 交互式提示符

可以在其中键入以下代码：

```
print ("Hello, World!")
```

然后按下回车键。随后，窗口中将显示如图 1-6 所示的输出。

现在我们知道，IDLE 可以逐行或逐块地执行代码。在交互式提示符下运行独立的小段代码是非常方便的。

我们也可以通过在 Windows 命令提示符中输入 python 命令，在不启动 IDLE 的情况下从命令行中调用解释器模式。运行该命令，它将在图 1-7 所示的交互模式下启动解释器。

图 1-6　简单的代码执行

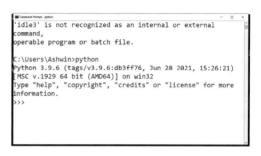

图 1-7　Windows 命令提示符中的 IDLE

我在一个有 8 GB 内存的树莓派 4 上使用 Debian 发行版（Raspberry Pi OS）的一个版本。IDLE 没有被预安装，但操作系统中有 Python 2 和 Python 3。在命令提示符（终端或使用 SSH 客户端）上运行以下命令，可以为 Python 3 安装 IDLE：

```
sudo pip3 install idle
```

这行命令将安装 Python 3 的 IDLE。我们将在本章的后面深入讨论 **pip** 工具。另外，如果没有 IDLE，我们也可以在 Linux 上的命令提示符上输入 python3 命令来调用 Python 3 的交互模式。注意，因为 Linux 发行版同时包含 Python 2 和 Python 3，所以 python 命令将在命令提示符下调用 Python 2。在 Linux 上与 Python 3 解释器对应的命令是 python3。图 1-8 显示了在 SSH 终端远程访问 Linux 命令提示符的过程中的 Python 3 会话。

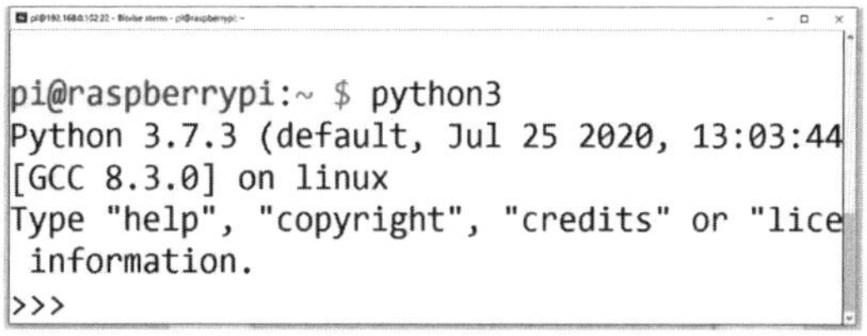

图 1-8　Linux 命令提示符上的 Python 3 解释器（远程 SSH 访问）

现在，我们可以通过在 Linux 桌面环境调用的命令提示符上输入 idle 命令来访问 Python 3 的 IDLE。如果我们在 SSH 终端上远程执行这个命令，会返回一个错误，因为远程 SSH 缺乏 GUI 功能。我们只能在从 Linux 桌面环境调用的终端上执行此命令来调用 IDLE。这可以直接进行，也可以在 VNC 这样的远程桌面环境中进行，如图 1-9 所示。

图 1-9　在 Linux 命令提示符上调用的 Python 3 IDLE（用 VNC 进行远程桌面访问）

我们也可以通过树莓派操作系统的菜单来启动 IDLE，如图 1-10 所示。

图 1-10　Linux 菜单下的 IDLE

　　无论您使用的是什么版本的 Linux，肯定都能在菜单和程序中找到 IDLE。如果没有找到它的话，就像前文中讲解的那样通过桌面环境里的命令提示符来启动它。

　　Python 3 也有一个更加具交互性的命令行环境，称为 IPython。我们可以通过在 Linux 和 Windows 的命令提示符中运行以下命令来安装这个环境：

```
pip3 install ipython
```

这将在操作系统上安装对应 Python 3 的 IPython。可以通过在 Windows 和 Linux 的命令提示符中输入 ipython 命令来调用 IPython。它可以用作 IDLE 交互模式的替代。图 1-11 显示了一个正在进行的 IPython 会话。

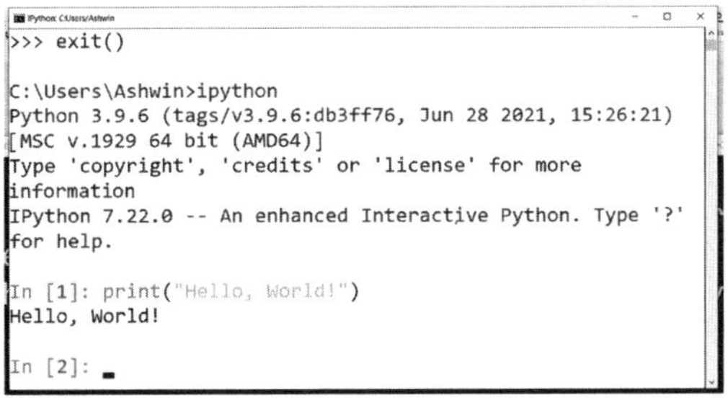

图 1-11　在 Windows 命令提示符中运行的 IPython 会话

　　最后，可以用以下命令来终止 Python 解释器、IDLE 交互模式和所有平台（Windows、macOS 和 Linux）上的 IPython 会话：

```
exit()
```

　　对于交互模式和 Python 解释器的说明就先讲到这里。

1.3.2　脚本模式

　　Python 解释器的交互模式很容易上手，非常适用于原型设计等工作。然而，对于较大的程序，还是使用 IDLE 比较好。实际上，我们可以使用自己选择的任何编辑器来编写 Python 程序，只不过，像记事本或 gedit 这样的纯文本编辑器是无法运行这些程序的。所以我们一般会使用像 IDLE 这样的集成开发环境。IDLE 比较易于使用。只要点击 IDLE 解释器窗口顶部菜单栏的 File（文件）菜单中的 New File（新文件）选项，它就会创建一个新的空白文件。我们必须对文件进行保存，IDLE 会自动给保存的文件添加 .py 扩展名。接着，输入下面这行代码并再次保存：

```
print（"Hello, World!"）
```

接着，打开菜单栏中的 Run（运行）菜单，然后点击 Run Module（运行模块）选项，也可以直接使用键盘上的功能键 F5。图 1-12 显示了一个 IDLE 窗口及其输出。

图 1-12   IDLE 中的 Python 程序和程序的输出结果

我们也可以从操作系统的命令提示符中启动该程序。在命令提示符中打开保存有 Python 程序的目录（利用 cd 命令），然后运行以下命令：

```
python3 prog01.py
```

在 Windows 中要运行以下命令：

```
python prog01.py
```

Python 解释器将运行该程序，显示输出，并将控制权返回到命令提示符上。

在 Linux 中，我们也可以直接在命令提示符下运行 Python 代码文件，而毋须调用解释器。为此，我们需要在文件开头的代码里添加以下代码：

```
#!/usr/bin/python3
```

现在的代码文件应该看起来是这样的：

```
#!/usr/bin/python3
print（"Hello, World!"）
```

在命令提示符中，打开该目录（再次使用 cd 命令），执行以下命令来改变文件的模式：

```
chmod 755 prog01.py
```

这将使它成为可执行文件。现在，我们可以用以下命令直接调用该程序文件：

```
./prog01.py
```

Linux Shell 将使用代码文件第一行中提到的 Python 解释器来执行它。

若想在 Linux 发行版中找到 Python 解释器的可执行文件的位置，请在命令提示符下执行以下命令：

```
which python3
```

在 Windows 中，可以用以下命令来实现：

```
where python
```

1.4　Pip3 工具

在前文中，我们已经用 pip 工具安装了一些东西。在本节中，我们将深入学习这个工具。

Pip 代表着 pip installs packages（pip 安装软件包）或 pip installs Python（pip 安装 Python）。它是一个递归缩写，是一种在全称中递归引用它自己的缩写。Pip 是一个用于 Python 和相关软件的包管理器工具，它是一种命令行工具。Pip3 是对应 Python 3 的版本。我们可以用它来安装 Python 3 的软件包。本书中，我们将全程使用它来安装库。下面就来看看它的用法吧。

我们可以用它来查看已安装软件包的列表，代码如下所示：

```
pip3 list
```

这将显示所有已安装软件包的列表。我们也可以安装一个新软件包（在本例中是 Jupyter），如下所示：

```
pip3 install jupyter
```

在 Linux 中，可能要用 sudo 工具来使用 pip，如下所示：

```
sudo pip3 install jupyter
```

我们还可以用以下命令卸载软件包：

```
pip3 uninstall jupyter
```

1.5 科学 Python 生态系统

我们可以使用 Python 进行数值和科学编程，这必须通过科学 Python 生态系统来完成。过科学 Python 生态系统包含以下几个核心组件：

- Python
- Jupyter Notebook
- NumPy
- SciPy
- Matplotlib
- SymPy

本书中，我们将使用除了 SymPy 以外的大部分组件。

上一节中已经说明了如何安装 Jupyter。Jupyter 是一个基于网页浏览器的 Python 解释器。如果还没有安装的话，请先安装。

我们可以在 Windows 和 Linux 操作系统的命令提示符中用以下命令启动 Jupyter：

```
jupyter notebook
```

这将启动 Jupyter Notebook 服务器进程，并自动打开一个基于网页浏览器的界面。作为本章的一个小练习，请自行探索 Jupyter Notebook 并在其中运行一些代码片段。

1.6 Python 的实现和发行版

我们已经熟悉了 Python 的基础知识，并且已经设置了计算机，为 Python 编程做好了准备。现在，是时候探索 Python 实现和 Python 发行版了。这些概念对初学者来说是必不可少的。

前文中提到，Python 是一种编程语言。然而，它并不仅限于此。C 编程语言是我们都知道的。C 更像是一种编程标准。这个标准是由 ANSI（美国国家标准协会）决定的，各个组织都自行编写了程序和工具（称为编译器），并按照要求编译 C 语言程序。我曾用许多不同的编译器（和相关的 IDE）编写过 C 语言程序，比如 Turbo C++、Microsoft Visual C++、GCC、LLVM 和 Windows 上的 MinGW-w64。

Python 也在向着类似的方向发展，因为许多组织已经编写了自己的解释器并将其用来解释和执行 Python 代码。这些解释器也称为 Python 的"实现（implementations）"。在本章前面，我们学习了如何从 www.python.org 下载和安装 Python 解释器（和 IDLE）。这个解释器也称为 CPython 实现，它是用 C 和 Python 编写的，是 Python 的参考实现（reference implementation）。实现还有其他几种，如下所示（这里只列出一部分实现）：

- IronPython（在 .NET 上运行的 Python）
- Jython（在 Java 虚拟机上运行的 Python）
- PyPy（一个带有 JIT 编译器的快速 Python 实现）
- Stackless Python（支持微线程的 CPython 分支）
- MicroPython（在微型控制器上运行的 Python）

若想深入了解这些实现，请访问以下网址：

www.python.org/download/alternatives/

https://wiki.python.org/moin/PythonImplementations

知道 Python 有很多实现后，是时候了解一下发行版（distribution）的含义了。Python 发行版是一个与有用的库和工具捆绑在一起的 Python 实现（解释器）。举例来说，CPython 的实现和发行版就带有 IDLE 和 pip。因此，我们有一套解释器、IDE 和软件包管理器来进行软件开发。访问以下网址，可查看各个不同的 Python 发行版：

https://wiki.python.org/moin/PythonDistributions

以上这些 Python 实现和 Python 发行版的列表显然并不是详尽无遗的，毕竟我们甚至可以自己编写 Python 解释器（这并不简单，但是可以做到）。我们可以把解释器和一些有用的工具打包在一起，并称之为自己的发行版。在下面的 stackoverflow.com 讨论帖中，可以了解更多关于实现和发布的术语：

https://stackoverflow.com/questions/27450172/python-implementation-vs-python-distribution-vs-python-itself

建议各位读者访问该网址并浏览一下讨论。

1.7　Anaconda 发行版

由于本书以机器学习领域为主题，而机器学习本身又是科学计算的一部分，因此 Anaconda 的 Python 发行版是不可或缺的组成部分。Anaconda 发行版是根据科学界的需求而定制的，它带有大量的库，所以初学者不需要安装任何东西就可以开始进行科学计算。它还附带了 pip 以及另一个强大的软件包管理器：conda。如果要下载个人版，请访问 www.anaconda.com/products/individual。

这将下载一个适用于个人操作系统的可安装文件，就像 Python 的主页一样，这个网站也会自动检测您的操作系统并提供对应的安装文件。下载完成后，安装。这个过程就像我们安装 CPython 参考实现的过程一样简单。只不过要确保在安装过程中被问到时勾选将 Anaconda 添加到 PATH 变量的复选框。安装完毕后，就可以开始使用各种工具和 IDE 进行编程了，比如 PyCharm、Spyder 和 Jupyter Notebook。

可以通过在 Windows 的搜索框中搜索"Anaconda Navigator"，打开 Anaconda 导航器。Anaconda 导航器是 Anaconda 发行版的统一交互界面，它在一个窗口中显示了所有工具和实用程序，我们可以在窗口中管理和使用它们。

不过，这里想补充说明一点。如果还没有安装 CPython 或 Anaconda 或任何其他 Python 发行版的话，请确保只安装一个（而不是多个）Python 发行版，因为对于初学者来说，在一台电脑上管理多个 Python 发行版和环境可能会容易造成混乱。因此，为了练习书中的代码示例，请安装 CPython 或 Anaconda，但不要两个都安装，至少不要同时安装。

另外，Anaconda 有一个轻量级版本，称为 Miniconda。它带有 Python 解释器和 conda 软件包管理器。它还包含其他一些实用的包，比如 pip、zlib 等。若想进一步了解 Miniconda，请访问 https://docs.conda.io/en/latest/miniconda.html。

如果想进一步了解阅读 conda 软件包管理器，请访问 https://docs.conda.io/projects/conda/en/latest/commands.Html。文档中有一个用于管理 Python 软件包的 conda 和 pip 的命令对照表。

另外，如果想查看详细的分步教程和探索指南，可以观看我发在 YouTube 上的视频：www.youtube.com/watch?v=Cs4Law0FQ2E。

1.8   小结

通过本章的介绍，我们对 Python、IDLE 和 Anaconda 有了一定的了解。我们学习了如何使用 Python 解释器及编写 Python 脚本，还学习了如何执行 Python 程序。在下一章中，将继续我们的 NumPy 之旅。

第 2 章

NumPy 入门

上一章中，我们学习了 Python 编程语言的基础知识。本章的重点是学习 NumPy 库的基础知识。这一章中包含很多实践性的编程。虽然涉及 NumPy 和 Python 时，编程并不十分困难，但这些概念是值得学习的。建议各位读者花上一些时间来彻底理解本章的内容。

本章的一个主要前提条件是，读者应该已经尝试使用 Jupyter Notebook 进行 Python 编程了。如果还没有的话，建议您稍作学习，以掌握高效地使用它的方法。以下几个网页都讲解了如何高效地使用 Jupyter Notebook：

- www.dataquest.io/blog/jupyter-notebook-tutorial/

- https://jupyter.org/documentation

- https://realpython.com/jupyter-notebook-introduction/

- www.tutorialspoint.com/jupyter/jupyter_notebook_markdown_cells.htm

- www.datacamp.com/community/tutorials/tutorial-jupyter-notebook

这一章都聚焦于 NumPy 及其功能，具体涵盖以下主题：

- 开始使用 NumPy

- 多维 Ndarray

- Ndarray 的索引

- Ndarray 属性

- NumPy 常量

学习完本章后，我们将对 NumPy 编程的基础知识有一定程度的了解。

2.1　开始使用 NumPy

希望您对 Jupyter 已经熟悉到足以开始写一些代码片段的程度。为本章创建一个新 Jupyter Notebook，每一章的代码都将在不同的 Jupyter Notebook 中编写，这有助于保持代码的条理性，供日后参考。

可以在 Jupyter Notebook 中运行一个带有感叹号前缀的操作系统命令，如下所示：

```
!pip3 install numpy
```

我们知道，Python 3 和 pip3 在 Linux 中默认是可以访问的，而且对于 Windows 操作系统，我们在安装时已经把 Python 的安装目录添加到了系统环境变量 PATH 中。这就是为什么我们刚刚执行的命令应该不会出现任何错误，能够成功运行，并将 NumPy 库安装到计算机上。

 提示

> 如果执行命令的输出显示了一条警告，称 pip 有新的版本，那么可以通过以下命令来升级 pip 工具：
>
> ```
> !pip3 install --upgrade --user pip
> ```

请注意，这不会对我们安装的库或演示的代码实例产生任何影响。库是从 https://pypi.org/（也称为 Python Package Index）的数据库中获取的，任何版本的 pip 工具都可以安装最新版本的库。

NumPy 安装完毕（并且升级了 pip，如果需要的话）后，就可以开始用 NumPy 编程了。但是，且慢！什么是 NumPy？我们为什么要学？它和机器学习有什么关系？在您开始阅读本章之后，这些问题一定都在困扰着您。让我为您解答这些问题吧。

NumPy 是数值计算的基本库，它是科学 Python 生态系统的一个组成部分。如果想学习生态系统中的其他库的话，我或者任何经验丰富的专业人士都会建议您先把 NumPy 学好。NumPy 至关重要，因为它是用来存储数据的。它有一个简单但相当通用的数据结构，称为"Ndarray"，它的意思 N 维数组（N Dimensional Array）。Python 中有许多类似数组的数据结构（例如列表）。但 Ndarray 是最通用的，也是最适合用来存储科学和数字数据的结构。

许多库都有自己的数据结构，其中大多数都使用 Ndarray 作为基础。而且 Ndarray 与许多数据结构和例程（routine）兼容，就像列表一样。我们将在下一章中看到具体的示例。

现在，就先让我们专注于 Ndarray 吧。

让我们创建一个简单的 Ndarray，如下所示：

```
import numpy as np
lst1 = [1, 2, 3]
arr1 = np.array(lst1)
```

在这里，我们导入了 NumPy 并为它赋予了一个别名。然后，我们创建了一个列表，并将
其作为参数传递给了 array() 函数。接下来看看所使用的这些变量的数据类型：

```
print(type(lst1))
print(type(arr1))
```

输出结果如下：

```
<class 'list'>
<class 'numpy.ndarray'>
```

下面来看看 Ndarray 的内容，代码如下所示：

```
arr1
```

输出结果如下：

```
array([1, 2, 3])
```

上面的代码可以整合为一行，如下所示：

```
arr1 = np.array([1, 2, 3])
```

我们可以通过以下代码来指定 Ndarray 的成员的数据类型：

```
arr1 = np.array([1, 2, 3], dtype=np.uint8)
```

以下网址有一个 Ndarray 支持的数据类型的完整列表：

https://numpy.org/devdocs/user/basics.types.html

2.1.1　多维 Ndarray

我们可以按如下方式创建多维数组：

```
arr1 = np.array([[1, 2, 3], [4, 5, 6]], np.int16)
arr1
```

输出结果如下：

```
array([[1, 2, 3]、[4, 5, 6]], dtype=int16)
```

这是一个二维数组。我们还可以创建其他的多维数组（在下面的例子中是三维数组），如下所示：

```
arr1 = np.array([[1, 2, 3], [4, 5, 6]]、
                [[7, 8, 9], [0, 0, 0]],
                [[-1, -1, -1], [1, 1, 1]]], np.int16)
arr1
```

输出如下所示：

```
array([[[ 1,  2,  3],
        [ 4,  5,  6]],

       [[ 7,  8,  9],
        [ 0,  0,  0]],

       [[-1, -1, -1],
        [ 1,  1,  1]]], dtype=int16)
```

2.2　Ndarray 的索引

我们可以单独处理 Ndarray 中的元素（也称为成员）。下面就来看看如何对一维 Ndarray 进行处理：

```
arr1 = np.array([1, 2, 3], dtype=np.uint8)
```

我们可以通过如下代码定位到其中的元素：

```
print(arr1[0])
print(arr1[1])
print(arr1[2])
```

就像列表一样，索引也遵循着 C 语言的风格，第一个元素的位置是 0，第 n 个元素的位置是（$n-1$）。

还可以通过负数位置编号来索引最后一个元素，如下所示：

```
print(arr1[-1])
```

倒数第二个元素则可以通过如下代码查看：

```
print(arr1[-2])
```

假设我们使用了下面这样的无效索引：

```
print(arr1[3])
```

它会抛出以下错误：

```
---------------------------------------------------------------------------
IndexError
Traceback (most recent call last)
<ipython-input-24-20c8f9112e0b> in <module>
----> 1 print(arr1[3])
IndexError: index 3 is out of bounds for axis 0 with size 3
```

接着，让我们创建如下一个二维 Ndarray：

```
arr1 = np.array([[1, 2, 3], [4, 5, 6]], np.int16)
```

我们也可以定位到二维 Ndarray 中的元素：

```
print(arr1[0, 0]);
print(arr1[0, 1]);
print(arr1[0, 2]);
```

输出如下所示：

```
1
2
3
```

通过以下方式可以访问一整行：

```
print(arr1[0, :] )
print(arr1[1, :] )
```

还可以按照如下方式访问一整列：

```
print(arr1[:, 0])
print(arr1[:, 1])
```

三维数组中的元素也可以被提取，如下所示：

```
arr1 = np.array([[1, 2, 3], [4, 5, 6]],
                [[7, 8, 9], [0, 0, 0]],
                [[-1, -1, -1], [1, 1, 1]], np.int16)
```

三维数组中的元素可以通过以下代码定位：

```
print(arr1 [0, 0, 0])
print(arr1 [1, 1, 2])
print(arr1 [:, 1, 1])
```

我们可以通过上面这些方法来访问 Ndarray 中的元素。

2.3 Ndarray 的属性

我们可以通过参考 Ndarray 的属性来进一步了解它们。下面，就通过演示来了解各种属性吧。让我们使用之前用过的一个三维矩阵：

```
x2 = np.array([[1, 2, 3], [4, 5, 6]], [[0, -1, -2], [-3, -4, -5]], np.int16)
```

可以通过下面的语句来确定维数：

```
print(x2.ndim)
```

输出将返回维数：

```
3
```

通过以下代码可以知道 Ndarray 的形状：

```
print(x2.shape)
```

形状指的是维度的大小，如下所示：

```
(2, 2, 3)
```

还可以通过以下代码来确定成员的数据类型：

```
print(x2.dtype)
```

输出结果如下：

```
int16
```

通过以下代码可以确定大小（元素的数量）和内存中需要存储的字节数：

```
print(x2.size)
print(x2.nbytes)
```

得到的输出如下所示：

```
12
24
```

还可以用以下代码来计算转置（transpose）的结果：

```
print(x2.T)
```

2.4　NumPy 常量

NumPy 库中包含许多有用的数学和科学常量，可以在程序中使用。下面的代码片段可以打印出所有这些重要的常量：

```
print(np.inf)
print(np.NAN)
print(np.NINF)
print(np.NZERO)
print(np.PZERO)
print(np.e)
print(np.euler_gamma)
print(np.pi)
```

得到的输出如下所示：

```
inf
nan
-inf
-0.0
0.0
2.718281828459045
0.5772156649015329
3.141592653589793
```

2.5   小结

在本章中，我们更深入地认识了 Python 和 IDLE，学习了如何使用 Python 解释器和如何编写 Python 脚本，还学习了如何执行 Python 程序。在下一章中，我们将继续探索 NumPy。

第 3 章

数据可视化入门

我们上一章中学习了 NumPy 的基础知识。在这一章中，我们将主要学习 NumPy 库的更多功能以及用于数据可视化的 Matplotlib 库的基础知识。和第 2 章一样，这一章也有很多动手编程的机会。本章包含的内容如下所示：

- 创建 Ndarray 的 NumPy 程序
- Matplotlib 数据可视化

学习完本章后，您将对 NumPy 和 Matplotlib 有一定程度的了解。

3.1　用于创建 Ndarray 的 NumPy 例程

我们来学习 NumPy 中创建数组的几个例程。首先，为本章创建一个新 Jupyter Notebook。

np.empty() 例程创建一个给定大小的空数组。数组中的元素是随机的，因为数组没有被初始化。

```
import numpy as np
x = np.empty([3, 3], np.uint8)
print(x)
```

它将输出一个带有随机数的数组。由于数字是随机的，所以每个人的输出可能不同。我们可以通过以下方法创建多维矩阵：

```
x = np.empty([3, 3, 3], np.uint8)
print(x)
```

使用 np.eye() 例程可以创建一个除了对角线上的元素以外全是 0 的矩阵。对角线上的所有元素都是 1。

```
y = np.eye(4, dtype=np.uint8)
print(y)
```

输出结果如下：

```
[[1 0 0 0]
 [0 1 0 0]
 [0 0 1 0]
 [0 0 0 1]]
```

我们还可以设置对角线的位置，如下所示：

```
y = np.eye(4, dtype=np.uint8, k=1)
print(y)
```

输出结果如下：

```
[[0 1 0 0]
 [0 0 1 0]
 [0 0 0 1]
 [0 0 0 0]]
```

我们甚至可以让对角线上的所有元素都为 -1，如下所示：

```
y = np.eye(4, dtype=np.uint8, k=-1)
print(y)
```

运行，看看会得到什么样的输出。

np.ident() 函数返回一个指定大小的单位矩阵（identity matrix）。单位矩阵指的是对角线上的所有元素都为 1，其余元素都为 0 的矩阵，下面是几个例子：

```
x = np.ident(3, dtype= np.uint8)
print(x)
x = np.ident(4, dtype= np.uint8)
print(x)
```

np.ones() 例程返回指定大小的矩阵，该矩阵中所有元素都是 1。运行下面的例子来看看运行情况：

```
x = np.ones((3, 3, 3), dtype=np.int16)
print(x)
x = np.ones((1, 1, 1), dtype=np.int16)
print(x)
```

让我们再来看看 arange() 这个例程。它能根据指定的间隔来创建具有均匀间隔的值的 Ndarray。终止值参数是不可或缺的，而起始值和间隔参数分别有默认的 0 和 1 作为参数。我们来看看这个例子：

```
np.range(10)
```

输出结果如下：

```
array([0, 1, 2, 3, 4, 5, 6, 7, 8, 9])
```

linspace() 例程返回一个包含着指定区间内间隔均匀的数字的 Ndarray。我们必须把起始值、终止值和数值的数量传给它，如下所示：

```
np.linspace(0, 20, 30)
```

得到的输出如下所示：

```
array([0., 0.68965517, 1.37931034, 2.06896552, 2.75862069,
       3.44827586, 4.13793103, 4.82758621, 5.51724138, 6.20689655,
       6.89655172, 7.5862069 , 8.27586207, 8.96551724, 9.65517241,
```

```
    10.34482759, 11.03448276, 11.72413793, 12.4137931 , 13.10344828,
    13.79310345, 14.48275862, 15.17241379, 15.86206897, 16.55172414,
    17.24137931, 17.93103448, 18.62068966, 19.31034483, 20. ])
```

同理，也可以用对数间隔（logarithmic spacing）创建 Ndarray，如下所示：

```
np.logspace(0.1, 2, 10)
```

输出结果如下：

```
array([1.25892541, 2.04696827, 3.32829814, 5.41169527,
    8.79922544, 14.30722989, 23.26305067, 37.82489906,
    61.50195043, 100. ])
```

也可以用几何间空（geometric spacing）来创建 Ndarray：

```
np.geomspace(0.1, 20, 10)
```

请自己尝试运行以上代码并查看输出。

NumPy 本身就是一个非常宽泛的话题，需要用很多章来讲解，甚至也许要用好几本书才能把它彻底讲清楚。上面这些小例子能让您对 Ndarray（在第 2 章）和创建它们的程序有一定程度的了解。在本书中，我们将经常使用 NumPy 库来存储数据。

3.2　Matplotlib 数据可视化

Matplotlib 是一个数据可视化库。它是科学 Python 生态环境的一个组成部分。许多其他的数据可视化库都只是 Matplotlib 的封装器。在本书中，我们将广泛地使用 Matplotlib 的 Pyplot 模块。它提供了类似 MATLAB 的接口。下面就从编写示范程序开始。无需新建文件，直接在前面的例子所使用的 Notebook 中键入以下所有代码。

下面的命令称为魔术命令（magic command），能让 Jupyter Notebook 显示 Matplotlib 的可视化内容：

```
%matplotlib inline
```

导入 Matplotlib 的 Pyplot 模块，如下所示：

```
import matplotlib.pyplot as plt
```

我们可以通过以下代码绘制一个简单的折线图：

```
x = np.arange(10)
y = x + 1
plt.plot(x, y)
plt.show()
```

得到的输出如图 3-1 所示。

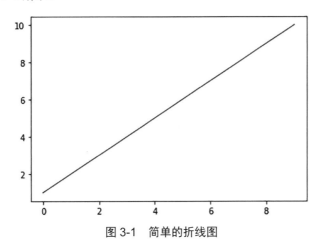

图 3-1 简单的折线图

还可以绘制包含多条线的折线图，如下所示：

```
x = np.arange(10)
y1 = 1 - x
plt.plot(x, y, x, y1)
plt.show()
```

得到的输出如图 3.2 所示。

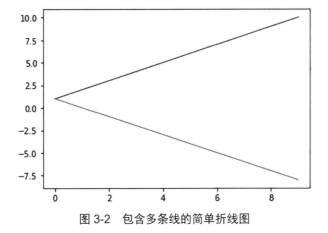

图 3-2 包含多条线的简单折线图

可以看到，plt.plot() 例程可以将数据可视化为简单的线条。我们还可以用它以其他形式绘制数据。该例程的局限性在于，它必须是单维的。请尝试用以下代码绘制一个正弦波：

```
n = 3
t = np.arange(0, np.pi*2, 0.05)
y = np.sin( n * t )
plt.plot(t, y)
plt.show()
```

得到的输出如图 3.3 所示。

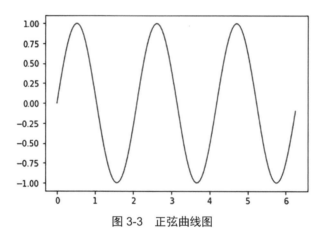

图 3-3　正弦曲线图

还可以绘制其他类型的图标，比如柱状图：

```
n = 5
x = np.arange(n)
y = np.random.rand(n)
plt.bar(x, y)
plt.show()
```

得到的输出如图 3.4 所示。

可以用面向对象的方式重写以上的代码，如下所示：

```
fig, ax =8 plt.subplots()
ax.bar(x, y)
ax.set_title(' 柱状图 ')
ax.set_xlabel('X')
ax.set_ylabel('Y')
plt.show()
```

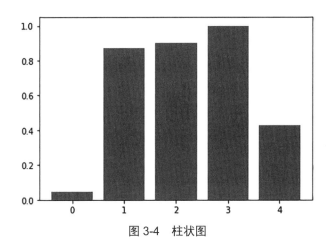

图 3-4　柱状图

正如我们所看到的，这段代码创建了一个图表和一个坐标轴，我们可以用它来调用可视化例程并设置可视化的属性。

下面来看看如何创建子图（subplot）。子图是图像中的图，可以通过以下方式来创建：

```python
x = np.arange(10)
plt.subplot(2, 2, 1)
plt.plot(x, x)
plt.title('Linear')

plt.subplot(2, 2, 2)
plt.plot(x, x*x)
plt.title('Quadratic')

plt.subplot(2, 2, 3)
plt.plot(x, np.sqrt(x))
plt.title('Square root')

plt.subplot(2, 2, 4)
plt.plot(x, np.log(x))
plt.title('Log')

plt.tight_layout()
plt.show()
```

可以看到，我们在每个绘图例程调用之前都会创建一个子图。routine tight_layout() 在子图之间留出足够的间空，输出结果如图 3-5 所示。

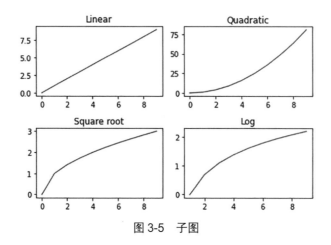

图 3-5   子图

可以用面向对象的方式重写上面的代码，如下所示：

```
fig, ax = plt.subplots(2, 2)
ax[0][0].plot(x, x)
ax[0][0].set_title('Linear')
ax[0][1].plot(x, x*x)
ax[0][1].set_title('Quadratic')
ax[1][0].plot(x, np.sqrt(x))
ax[1][0].set_title('Square Root')
ax[1][1].plot(x, np.log(x))
ax[1][1].set_title('Log')
plt.subplots_adjust(left=0.1, bottom=0.1, right=0.9, top=0.9, wspace=0.4,
hspace=0.4)
plt.show()
```

到了这里，您一定已经明白，我们既可以用 MATLAB 风格的语法来写代码，也可以用面向对象的方式来写。

接着，让我们来研究散点图吧。我们可以将二维数据可视化为散点图，如下所示：

```
n = 100
x = np.random.rand(n)
y = np.random.rand(n)
plt.scatter(x, y)
plt.show()
```

输出结果如图 3-6 所示。

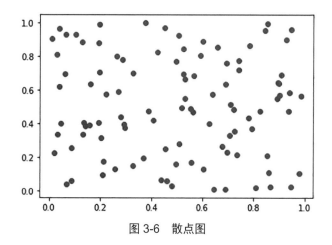

图 3-6　散点图

　　数据频率分布的图形化描述被称为直方图。用 Matplotlib 可以轻松地创建直方图，如下所示：

```
mu, sigma = 0, 0.1
x = np.random.normal(mu, sigma, 1000)
plt.hist(x)
plt.show()
```

这里的"mu"表示平均值，"sigma"表示标准差。输出结果如图 3-7 所示。

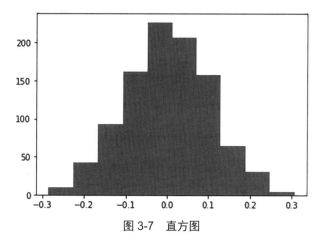

图 3-7　直方图

最后，让我们用饼状图进行收尾。

```
x = np.array([10, 20, 30, 40])
plt.pie(x)
```

```
plt.show()
```

输出结果如图 3-8 所示。

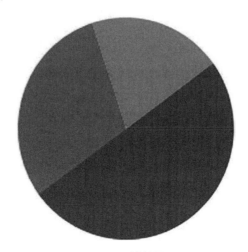

图 3-8　饼状图

3.3　小结

　　在本章中，我们学习了一些用于创建 NumPy Ndarray 和数据可视化的例程。NumPy 和 Matplotlib 是科学 Python 生态中至关重要的库，机器学习编程中经常会用到它们。这里很难完全涵盖 NumPy 和 Matplotlib。但通过本章的演示，您一定对这些例程的用法有了更深入的理解。

　　在下一章中，我们将继续探索科学 Python 生态系统中的数据科学库：Pandas。我们将学习基本的数据结构、一些操作以及可视化技术。

第 4 章

Pandas 入门

我们已经掌握了一些用于创建 NumPy Ndarray 和数据可视化的例程，并熟悉了 NumPy 和 Matplotlib 这两个库。我们可以使用这些例程来创建、存储数据并通过 Python 编程来将数据可视化。在本章中，我们将研究科学 Python 生态系统的数据科学库，Pandas，还有基本数据结构和一些操作以及用 Matplotlib 进行可视化的秘诀。

本章包括以下主题：

- Pandas 基础知识
- Pandas 中的 Series（序列）
- Pandas 中的数据框架
- 在数据框架中实现数据的可视化

学习了本章之后，您将对科学 Python 生态系统中的 Pandas 库有一定程度的了解。

4.1　Pandas 基础知识

Pandas 是科学 Python 生态中的一个数据分析和数据科学库。就像 NumPy、Matplotlib、IPython 和 Jupyter Notebook 一样，它是该生态的一个组成部分。

它用于多维数据的存储、操作和可视化。它比 Ndarray 更灵活，同时也与之兼容。这意味着我们可以使用 Ndarray 来创建 Pandas 数据结构。

让我们为本章的演示创建一个新的笔记本。在 Jupyter Notebook 会话中用以下命令安装 Pandas：

```
pip3 install pandas
```

下面的代码可以将 pandas 库导入到当前程序或 Jupyter Notebook 会话中：

```
import pandas as pd
```

在从零开始学习 Pandas 时，我广泛参考了 Pandas 的文档。本书涵盖 Pandas 的基础知识足以让我们开始研究机器学习。这一整章的主题都是 Pandas。如果您想更深入地了解，有很多专门的书籍可供参考。也可以访问 Pandas 项目的网址进一步了解：

https://pandas.pydata.org/

下面，就让我们研究一下 Pandas 中几个重要的、必不可少的数据结构。

4.2　Pandas 中的 Series

Pandas 的 Series 是一个带有索引的同质一维数组，可以存储所支持的任何类型的数据。我们可以使用列表或 Ndarray 来创建 Pandas 中的 Series。先为本章创建一个新的 Notebook，然后导入所有要用到的库：

```
%matplotlib inline
import pandas as pd
import numpy as np
import matplotlib.pyplot as plt
```

用列表创建一个简单的 Series，如下所示：

```
s1 = pd.Series([1, 2, 3 , 4, 5])
```

如果输入以下代码：

```
type(s1)
```

会得到以下输出：

```
pandas.core.series.Series
```

　　也可以用以下代码创建一个 Series：

```
s2 = pd.Series(np.arange(5), dtype=np.uint8)
s2
```

输出结果如下：

```
0  0
1  1
2  2
3  3
4  4
dtype: uint8
```

第一列是索引，第二列是数据列。

　　我们可以通过使用一个已经定义好的 Ndarray 来创建一个 Series，如下所示、

```
arr1 = np.arange(5, dtype=np.uint8)
s3 = pd.Series(arr1, dtype=np.int16)
s3
```

在这种情况下，Series 的数据类型将被视为最终的数据类型。

4.2.1　Series 的属性

　　如何检查 Series 的属性呢？通过以下代码可以检查 Series 成员的值：

```
s3.values
```

输出结果如下：

```
array([0, 1, 2, 3, 4], dtype=int16)
```

　　还可以用下面的代码来检查 Series 的值：

```
s3.array
```

输出结果如下：

```
<PandasArray>
[0, 1, 2, 3, 4]
Length: 5, dtype: int16
```

通过以下代码可以检查该 Series 的索引：

```
s3.index
```

得到的输出结果如下所示：

```
RangeIndex(start=0, stop=5, step=1)
```

通过以下代码可以检查数据类型：

```
s3.dtype
```

通过以下代码可以检查形状：

```
s3.shape
```

通过以下代码可以检查大小：

```
s3.size
```

通过以下代码可以检查字节数：

```
s3.nbytes
```

还可以通过以下代码检查维度：

```
s3.ndim
```

4.3 Pandas 中的数据框架

我们可以使用 Pandas 的二维索引和内置数据结构，也就是数据框架（DataFrame）。我们可以从 Series、Ndarray、列表和字典中创建数据框架。如果用过关系型数据库，那么可以把数据框架看作是类似于数据库中的表格的东西。

下面就来看看如何创建数据框架吧。首先，让我们创建一个城市人口数据的字典，如下所示：

```
data = {'city': ['Bangalore', 'Bangalore', 'Bangalore',
        'Mumbai', 'Mumbai', 'Mumbai'],
        'year': [2020, 2021, 2022, 2020, 2021, 2022,],
        'population': [10.0, 10.1, 10.2, 5.2, 5.3, 5.5]}
```

我们可以使用这个字典创建一个数据框架：

```
df1 = pd.DataFrame(data)
print(df1)
```

输出结果如下：

```
city year population
0 Bangalore 2020 10.0
1 Bangalore 2021 10.1
2 Bangalore 2022 10.2
3 Mumbai 2020 5.2
4 Mumbai 2021 5.3
5 Mumbai 2022 5.5
```

我们可以通过以下代码直接看到数据框架的前五条记录：

```
df1.head()
```

运行代码并看输出。

我们还可以按以下方式来制定数据框架中的列的顺序：

```
df2 = pd.DataFrame(data, columns=['year', 'city', 'population'] )
print(df2)
```

输出结果如下：

```
year city population
0 2020 Bangalore 10.0
1 2021 Bangalore 10.1
2 2022 Bangalore 10.2
3 2020 Mumbai 5.2
4 2021 Mumbai 5.3
5 2022 Mumbai 5.5
```

可以看到，列的顺序和之前不一样了。

4.4   在数据框架中实现数据的可视化

我们已经学习了用数据可视化库 Matplotlib 对 NumPy 数据进行可视化。现在，我们将学习如何将 Pandas 数据结构可视化。Pandas 数据结构的对象可以调用 Matplotlib 的可视化函数，比如 plot()。基本上，Pandas 为所有这些函数都提供了封装器。下面来看一个简单的例子：

```
df1 = pd.DataFrame()
df1['A'] = pd.Series(list(range(100)))
df1['B'] = np.random.randn(100, 1)
df1
```

这段代码创建了一个数据框架。现在我们把它绘制成图表：

```
df1.plot(x='A', y='B')
plt.show()
```

得到的输出如图 4-1 所示。

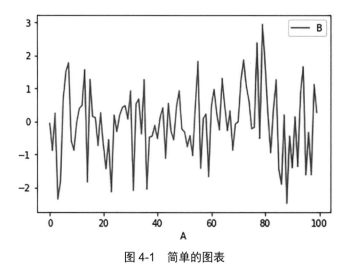

图 4-1   简单的图表

现在我们来探讨一下其他的绘图方法。我们将创建一个有四个列的数据集。这些列将包含用 NumPy 生成的随机数据，所以您的输出肯定和书上不同。本章的其他例子中也将使用生成的这个数据集。话不多说，现在就来生成数据集：

```
df2 = pd.DataFrame(np.random.rand(10, 4),
columns=['A', 'B', 'C', 'D'])
```

```
print(df2)
```

生成的数据如下所示：

```
          A           B           C           D
0  0.191049    0.783689    0.148840    0.409436
1  0.883680    0.957999    0.380425    0.059785
2  0.156075    0.490626    0.099506    0.057651
3  0.195678    0.568190    0.923467    0.321325
4  0.762878    0.111818    0.908522    0.290684
5  0.737371    0.024115    0.092134    0.595440
6  0.004746    0.575702    0.098865    0.351731
7  0.297704    0.657672    0.762490    0.444366
8  0.652769    0.856398    0.667210    0.032418
9  0.976591    0.848599    0.838138    0.724266
```

　　把数据绘制柱状图，如下所示：

```
df2.plot.bar()
plt.show()
```

输出结果如图 4-2 所示。

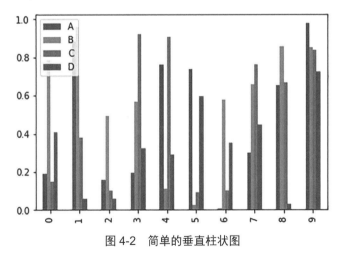

图 4-2　简单的垂直柱状图

　　也可以在水平方向上绘制图标，代码如下：

```
df2.plot.barh()
plt.show()
```

输出结果如图 4-3 所示。

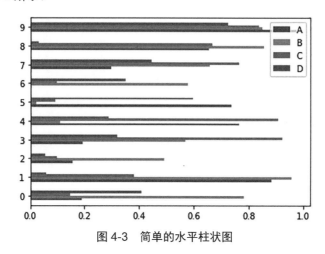

图 4-3 简单的水平柱状图

这些柱状图是未堆积的。若想绘制堆积柱状图，可以使用以下代码：

```
df2.plot.bar(stacked = True)
plt.show()
```

输出结果如图 4-4 所示。

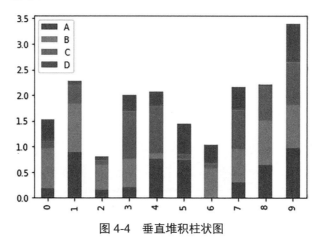

图 4-4 垂直堆积柱状图

当然，也可以绘制水平堆积柱状图，代码如下：

```
df2.plot.barh(stacked = True)
plt.show()
```

输出结果如图 4-5 所示。

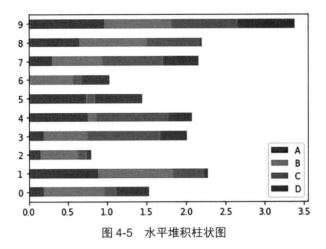

图 4-5　水平堆积柱状图

　　直方图是对数据频率分布的一种直观表示。可以通过以下代码绘制一个简单的直方图：

```
df2.plot.hist(alpha=0.7)
plt.show()
```

输出结果如图 4-6 所示。

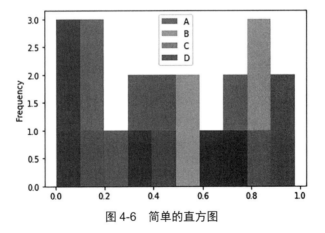

图 4-6　简单的直方图

　　绘制堆积直方图的代码如下：

```
df2.plot.hist(stacked=True, alpha=0.7)
plt.show()
```

输出结果如图 4-7 所示。

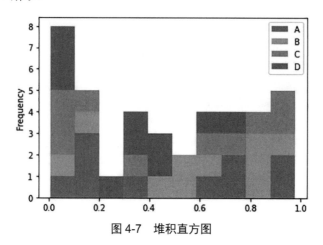

图 4-7　堆积直方图

我们还可以自定义桶（bucket，也称为 bin），如下所示：

```
df2.plot.hist(stacked=True, alpha=0.7, bins=20)
plt.show()
```

输出结果如图 4-8 所示。

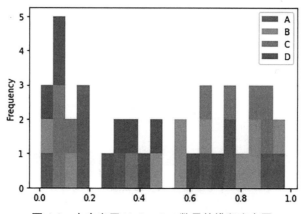

图 4-8　自定义了 bin/bucket 数量的堆积直方图

我们还可以绘制箱形图，如下所示：

```
df2.plot.box()
plt.show()
```

输出结果如图 4-9 所示。

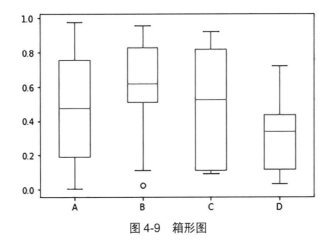

图 4-9 箱形图

面积图（area plot，也称山形图）也可以绘制，代码如下：

```
df2.plot.area()
plt.show()
```

输出结果如图 4-10 所示。

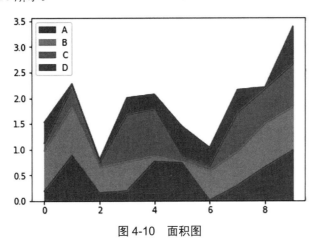

图 4-10 面积图

当然也可以绘制未堆积的面积图，代码如下：

```
df2.plot.area(stacked=False)
plt.show()
```

输出结果如图 4-11 所示。

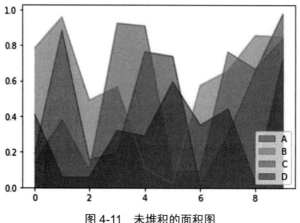

图 4-11　未堆积的面积图

4.5　小结

在本章中，我们学习了 Pandas 库的基础知识和数据结构，Series 和数据框架等重要知识。我们还学习了如何将存储在数据框架中的数据可视化。到目前为止，我们已经掌握了 NumPy、Matplotlib 和 Pandas 等库的基础知识。之后在机器学习的程序演示中，我们将经常用到这些库。

第 II 部分将开始探索机器学习的世界。第 5 章将讲解 Scikit-learn 的基础知识。

第 II 部分

机器学习方法

第 5 章

Scikit-learn 机器学习概述

如今，互联互通的现实世界中充满着数据。据估计，全世界每秒大约会产生 2.5 万亿字节[①]的数据。

机器学习是一门科学，它使计算机能够根据现有的数据采取行动，而不需要经过明确的编程为才能采取行动。从数据中学习的领域在过去半个世纪中在不断地发展。然而，由于在过去的十年间，可用数据的数量和质量呈指数级增长，计算资源也越发丰富，我们看到了复杂的人工智能代理、自动驾驶汽车、高度智能的垃圾邮件过滤、图像标签应用、个性化搜索等的出现。这场技术革命的最大功臣正是机器学习。

关于机器学习，一个受到广泛认可的定义是由汤姆·米切尔（Tom Mitchell）给出的：

> 对于某类任务（Task，简称 T）和某项性能评价准则（Performance，简称 P），如果一个计算机在程序 T 上，以 P 作为性能度量，随着经验（Experience，简称 E）的积累，不断自我完善，那么我们称计算机程序从经验 E 中进行了学习。

---

① https://techjury.net/blog/how-much-data-is-created-every-day

举例来说，一个负责过滤垃圾邮件的机器代理会查看附有良好标注的邮件数据库，数据库里包含着提及特定邮件是否为垃圾邮件的标签。这个经过标注的数据库就是机器代理的"经验"。这个例子中的"任务"是一个简单的二元问题，也就是查看输入的电子邮件，并产生一个"是"或"否"的输出，以确定一个电子邮件是否应该被标记为垃圾邮件。基于学习过程，该代理将把任何新的子邮件正确或错误地分类为垃圾邮件。正确性的概念由性能指标 P 来捕捉，在本例中，它可能是正确识别垃圾邮件的比率。

再举一个例子。假设有一个会下国际象棋的代理。在机器学习范式中，它不是简单地看一下棋盘和棋子的位置，就开始推荐正确的棋步，而是会观察过去所下的数以千计的棋局，将其用作经验，同时还会留意哪些棋步会带来胜利。它的任务是推荐国际象棋中的下一步最佳走法。性能则是通过观察与对手对局的胜率来衡量的。它的经验是过去在多场比赛中的所有棋步。

在本章中，我们首先探讨机器学习的基础知识及其大类和应用。随后，讨论 Scikit-learn，它是机器学习领域里最为流行的库，也将是这一部分中的主要侧重点。我们将从安装开始，了解 Scikit-learn 的大部分组件所使用的顶层架构和 API 风格。我们将用一个简单的例子进行实验，不过，具体的细节留到之后的相关章节中再解释。

5.1 从数据中学习

机器学习的基本观念是专注于从数据中学习的过程，以发现隐藏的规律或预测未来的情况。机器学习中有两种基本方法：监督式学习和无监督学习。这两者的主要区别在于，一种方法使用标注数据来帮助预测结果，而另一种方法则不使用。

5.1.1 监督式学习

监督式学习是一系列需要明确标签的方法，标签中包含要学习的数据的正确预期输出。这些标签要么是由领域专家人工输入的，要么是从以前的记录中获取的，也可能是由软件日志生成的。这种数据集被用来监督算法对数据进行分类或预测结果。

1. 分类算法

分类算法是一套监督式学习方法，旨在从预先定义的有限的选项集（两个或更多）中选择一个离散（discrete）的类别标签。这类标签的一个例子是监控金融交易并验证每笔交易是否存在任何形式的欺诈的系统。包含正常的交易和欺诈交易的既往数据是必需的，并且其中必须明确说明哪个数据项（或数据行）是欺诈性的。可能的类别包括"欺诈交易"或"非欺诈交易"。另一个常见的例子是情感分析系统，它接受输入的文本并学习如何把给定的文本分类为"正面"、"负面"或"中性"。如果想建立一个预测电影评分的系统，那么可能需要收集电影介绍、关键词、类型信息和其他信息以及最终的评分（满分 10 分），它将被用作标签。

也就是说，所分配的标签是有限的，而且是离散且独特的。在某些情况下，可以为一个数据项分配一个以上的标签，即所谓的多元分类问题。

2. 回归算法

回归算法是一种监督式学习技术，旨在捕捉两个变量之间的关系。我们通常有一个或多个自变量或我们总是知道的变量，而我们想学习的是如何预测因变量的值。在回归问题中，我们想预测连续的实数值；这意味着目标值可以有无限的可能性，而不像分类算法那样有限定的选项。回归算法的一个例子是，根据前一天的股票价值和交易量来预测第二天股票价值的系统。

监督式学习专门用于解决根据既往经验获得给定数据的输出的预测问题。它在图像分类、情感分析、垃圾邮件过滤等用场景例中得到广泛应用。

5.1.2　无监督学习

无监督学习是一系列专注于从给定数据集中寻找隐藏规律和见解的方法。无监督学习不需要用到标注数据。这类方法的目标是找到数据的基本结构，简化或压缩数据集，或根据固有的相似性对数据进行分组。

无监督学习中的一项常见任务是聚类（clustering），后者是一种将数据点（或对象）分组的方法。它将相似的对象分配到一个组中，同时确保这些对象与存在于其他组中的对象有明显不同。它尤其适用于识别潜在的客户群体以指导市场营销工作以及按照不同的对象来分割图像。

另一种无监督学习方法则是识别经常在数据集中一起出现的物品，以超市为例，这种方法可能会发现面包和牛奶经常放在一起的规律。

之后的章节将涵盖监督式学习和无监督学习中的多种算法。

5.2　机器学习系统的结构

机器学习系统要么独立运转，要么成为大规模企业应用的主要组成部分。

在生产和部署过程以及数据管道之外，从广义上来讲，可以认为机器学习是由两个子过程构建的。第一部分通常是离线过程，它一般会涉及训练，在这个过程中，我们处理实际数据，学习某些参数，这些参数可以帮助预测结果，发现之前难以看出的数据规律。第二部分是在线过程，它涉及预测阶段，在这个过程中，我们利用学到的参数，在未见过的数据（unseen data）中找到结果。

根据所获得的结果的质量，我们可以进行修改，添加更多数据，并重新开始整个过程。这个过程不断地迭代，在全面的评估指标、超参数优化方法和正确的特征选择的帮助下，产生的结果会越来越好。

涉及的整个端到端的过程可以概括为以下 6 个阶段，图 5-1 也展示了这个过程：

1. 问题理解
2. 数据收集
3. 数据标注和数据准备
4. 数据整理
5. 模型开发、训练和评估
6. 模型的部署和维护

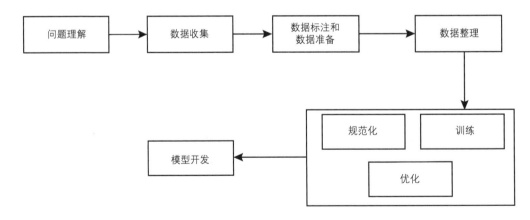

图 5-1　端到端的过程

5.2.1　问题理解

在开始写第一行代码之前，需要对要解决的问题有一个全面的理解。这意味着您需要与多个利益相关者展开讨论，并确定问题的正确范围。这将为该过程的下一阶段提供明确的方向。

5.2.2　数据收集

明确问题并定义了正确的范围后，就可以开始收集数据了。数据可能来自机器日志、用户日志、交易记录等。在某些情况下，数据可以直接从组织中的其他团队或客户那里获得。在另一些情况下，可能需要雇用外部机构或从外部供应商那里购买数据。另外，您也可能要通过准备爬虫脚本或利用一些网络服务的外部 API 来收集数据。

对于许多用例，您都可以从搜索开源或公开可用的数据集开始做起。这些数据集通常被共享在公共论坛或政府网站上。在本书中，我们将限制自己只使用公开可用的数据集。

请记住，机器学习是由数据驱动的。最终结果的质量几乎永远取决于数据的数量和质量。

5.2.3　数据标注和数据准备

我们所获得的原始数据不一定是可以直接使用的。如果在处理的是一个有监督式学习问题，那么您可能需要有人或有团队来给数据分配正确的标签。举例来说，如果您正在准备用于情感分析的文本数据，您可能会通过抓取博客和社交媒体页面来收集这些数据，之后，需要对每一个句子进行处理，并根据它所携带的情感极性（sentiment polarity）来给它分配一个正面或负面的标签。

数据准备的过程中可能还需要进行数据清洗、重新格式化和规范化。以前面的情感分析问题为例，您可能需要删除结构不好、太短，或者使用了其他语言的句子。对于图片，您可能需要调整图片尺寸、去噪、裁剪等。

在某些情况下，您可能需要通过结合多个数据源来扩充数据。举例来说，如果已经有了一名员工的详细资料的官方记录，那么您可能还要在数据库中添加一个包含员工的既往业绩记录的表。

5.2.4　数据整理

在之后的章节中学习的所有算法中，您会发现数据有一个预期的格式。一般来说，我们要将任何格式的数据转换或转化为包含数字的向量。如果是图像的话，可以看一下颜色通道,每个通道(红、绿、蓝)都包含一个范围在 0-255 之间的值。对于文本,有多种常见的方法可以将数据转换成向量格式。我们将在下一章中深入研究这些方法。

5.2.5　模型的开发、训练和评估

在大多数情况下,我们将利用 Scikit-learn、TensorFlow、PyTorch 等流行软件包中已经提供的现有算法实现。不过,在某些情况下,您可能需要在开始机器学习之前对它们进行一些调整。接着,格式良好的数据会被送到算法中进行训练,在此期间,模型会准备就绪,它通常是一组与预设的方程组或图形相关的参数或权重。

如图 5-2 所示,训练通常与测试一起进行,并且会多次进行迭代,直到获得具有可靠质量的模型。您将使用大部分可用数据来学习模型的参数,并使用这些参数来预测剩余部分的结果。我们将在之后的章节中深入了解这一过程。这样做是为了评估模型在未见过的数据中的表现如何。这样的性能衡量可以帮助您通过调整必要的超参数来改进模型。

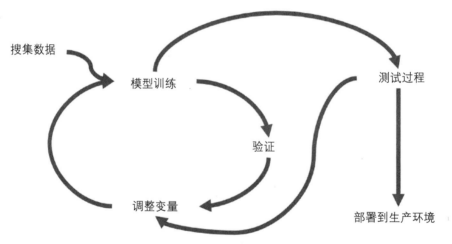

图 5-2　机器学习的训练、验证和测试过程

一旦最终确定一组参数,就可以保存自己的模型并将其用于推理,这涉及利用真实世界的数据。

5.2.6　模型的部署

创建了一个可用于推理的模型后,必须使它能够作为一个可以集成到生产环境中的模块来运作。在某些情况下,这可以是一组在需要预测时就会被调用的脚本。然而,在大多

数企业场景中，这将必须通过持续集成管道（continuous integration pipeline）进行设置，并托管到能够处理预期负载的系统中。

随着模型的部署，它将看到新的数据并预测其值。在某些情况下，您可能需要收集新数据并为未来的迭代建立改进版的数据集。您需要时不时地重新训练和更新模型，以提高模型的性能和可靠性。

现在您对机器学习过程有了一个清晰的概念，是时候开始讨论 Scikit-learn 了，它是最流行的用于机器学习的软件包之一。

5.3　Scikit-Learn

Scikit-learn 是一个广受欢迎的机器学习库，它通过一个简单而一致的界面提供各种监督式和无监督机器学习算法的即用型实现。它建立在 SciPy 堆栈的基础上，SciPy 中包括了 NumPy、SciPy、Matplotlib、Pandas 等库。

SciPy 的扩展通常称为 SciKits，它提供了 SciPy 的普通功能之外的一些额外用法。其他类似的常用库有 scikit-image 和 statsmodels。Scikit-learn 在 GitHub 上受到 4.64 万人关注，被复刻（fork）了 2.16 万次。在本章中，我们将交替使用 Scikit-learn、sklearn 和 scikit learn 来指代这个库。

Scikit-learn 最初是在 2007 年由大卫·库尔纳波（David Cournapeau）作为谷歌编程之夏的项目启动的，他也参与了 NumPy 和 SciPy 的开发。到 2010 年，更多的开发者开始参与进来，Scikit-learn 也在 2010 年 2 月首次得以公开发布。

目前，它是机器学习应用中最为流行的库之一。截至本书写作时，Scikit-learn 0.24 是最新的稳定版本。

5.4　安装 Scikit-Learn

首先，检查是否已经安装了 Scikit-learn，可能已经安装了一个发行版。在 Jupyter Notebook 中创建一个新单元框，并运行以下代码：

```
import sklearn
```

如果在输出中没有得到任何信息，就说明已经安装了 Scikit-learn。

如果还没有安装 Scikit-learn 的话，您可能会得到一条错误信息，其中写着"ModuleNotFoundError: No module named 'sklearn1'"的字样。

在这种情况下，可以通过命令行或从 Scikit-learn 代码单元安装 Scikit-learn。请注意，Scikit-learn 需要基本的 SciPy 栈。在安装之前，必须确保有与 NumPy、SciPy、Joblib、Matplotlib 和 Pandas 兼容的 Python 正在运行（本书中的版本为 3.6 或以上）。

运行以下命令进行安装：

```
pip install scikit-learn
```

可以尝试再次运行 import 语句，这次应该可以工作了。若想进一步了解安装过程，可以参考官方文档：

https://scikit-learn.org/stable/install.html

另一种强烈推荐的方式是安装一个发行版，它通过一个易于配置的界面提供了此类项目所需的完整堆栈，允许您高度定制虚拟环境。Anaconda 就是这样一个广受欢迎的发行版。您可以从以下网址中下载并安装适用于您的系统的版本：

www.anaconda.com/products/individual。

除了虚拟环境管理器（conda）和预先配置的所需库的安装，Anaconda 还带有 Jupyter Notebook 和其他管理工具。

5.5　了解 API

Scikit-learn 流行和发展起来的一个主要原因是，尽管它的实现非常强大，但使用起来却很简单。它的设计规范很简单，遵循着以下几个大原则（参考 2013 年发表的论文）：

- 一致性（Consistency），使接口相似且简单
- 可检验（Inspection），提供透明的机制来存储和公开参数
- 防扩散（Nonproliferation），只允许使用自定义类来表示学习算法。
- 可组合（Composition），允许机器学习任务被排布成简单的构建模块
- 合理的默认值（Sensible defaults），为用户所定义的参数提供一个可靠的默认基准值

正如我们将在下一章中所看到的那样，机器学习方法想让数据存在于被称为"特征（feature）"的数字变量集合中。这些数值可以表示为一个向量，并以 NumPy 数组的形式实现。NumPy 提供了高效的向量操作，同时保持代码简洁明了。

Scikit-learn 的设计方式是在该库提供的所有功能中拥有类似的接口。它是围绕三个主要的 API 组织的，即估计器（estimator）、预测器（predictor）和转换器（transformer）。估计器是由分类、回归、聚类、特征提取和降维方法实现的核心接口。估计器根据超参数值初始化，并在 fit 方法中实现实际的学习过程，我们在调用该方法的同时以 X_train 和 y_train 数组的形式提供输入数据和标签。它将运行学习算法来学习参数，并将其存储起来供将来使用。

预测器提供了一个预测方法，通过一个我们通常称之为 X_test 的 NumPy 数组获取需要预测的数据。它将所需的转换应用于由 fit 方法学习的参数，并提供预测值或标签。一些无监督学习估计器会提供一个预测方法来获取聚类标签。

转换器接口实现了通过预处理和特征提取阶段对 NumPy 数组形式的给定数据进行转换的机制。缩放方法和规范化方法实现了转换（transform）方法，它可以在学习了参数之后被调用。我们将在下一章中深入讨论转换问题。

Scikit-learn 中的一些算法实现了这三个接口中的一个或多个。一些方法可以被链接起来，在一行代码中执行多个任务。这可以通过使用 Pipeline 对象来进一步简化，该对象将多个估计器链接成一个。如此一来，就可以将多个预处理、转换和预测步骤封装到一个对象中。

```
pipe = Pipeline([('scaler', StandardScaler()), ('svc', SVC())])
```

可以直接用对象管道来把缩放和 SVM 预测器应用于稍后将提供的数据。

5.6　第一个 Scikit-learn 实验

在深入研究如何使用 Scikit-learn 的机器学习算法之前，我们可以先用 Scikit-learn 做一个简短的 hello-world 实验。我们将使用一个简单的数据集，叫 iris（鸢尾花）数据集，其中包含三个品种的鸢尾花的花瓣和萼片长度（图 5-3）。

Iris Versicolor　　**Iris Setosa**　　**Iris Virginica**

图 5-3　iris 数据集中三种类型的鸢尾花

值得庆幸的是，Scikit-learn 自带了一些数据集可供使用。我们将直接导入这个数据集，用它来快速学习一个模型。为了加载这个数据集，请输入以下几行代码：

```
from sklearn import datasets
iris = datasets.load_iris()
print (iris)
print (iris.keys())
```

应该能够看到 iris 对象的组成部分是一个字典，其中包括以下键：'data'、'target'、'frame'、'arget_names'、'DESCR'、'feature_names' 和 'filename'。现在，我们感兴趣的是 data、target 和 target_names 以及 feature_names。

数据包含一个二维 NumPy 数组，其中有 150 行和 4 列。目标包含 150 个项目，包含数字 0、1 和 2，它们指向 target_names，也就是 'setosa'、'versicolor' 和 'virginica' 这三个鸢尾花的品种。feature_names 包含数据中所囊括的四个列的含义。

```
print (iris.data[:10])
print (iris.target[:5])
```

这应该打印 iris 数据集中的前 5 个项目，然后是它们的标签，或者说是目标（target），如下所示：

```
array([[5.1, 3.5, 1.4, 0.2],
       [4.9, 3. , 1.4, 0.2],
       [4.7, 3.2, 1.3, 0.2],
       [4.6, 3.1, 1.5, 0.2],
       [5. , 3.6, 1.4, 0.2]])
array([0, 0, 0, 0, 0])
```

4 个列代表特征名称，可以通过输入以下代码获得：

```
iris.feature_names
```

应该会打印如下结果：

```
['sepal length (cm)',
 'sepal width (cm)',
 'petal length (cm)',
 'petal width (cm)']
```

这些尺寸（以厘米为单位）就是前面显示的每一行中的四个数字所指的内容。目标是鸢尾花的品种，可以从以下代码获得：

```
print (iris.target_names)
```

这是一个包含三个元素的数组：

```
['setosa' 'versicolor' 'virginica']
```

我们打印的前五个元素的目标是 0，它们属于 setosa 类型，是数据集中最小的花。现在我们将用一种叫支持向量机（support vector machines，SVM）分类器的算法来创建一个估算器，我们之后将在专门的章节中深入研究这个算法。为了初始化和学习参数，请输入以下几行代码：

```
from sklearn import svm
clf = svm.SVC(gamma=0.001, C=100.)
clf.fit(iris.data[:-1], iris.target[:-1])
print (clf.predict(iris.data))
```

在这个例子中，我们首先从 Scikit-Learn 中导入了支持向量机模块，该模块包含我们想在本例中使用的估计器的实现。svm.SVC 这一估计器用两个超参数初始化，即 gamma 和 C 的标准值。在下一行，我们指示 clf 估计器对象使用 fit() 函数来学习参数，该函数通常需要两个参数，也就是输入数据和相应的目标类。在这个过程中，SVM 将学习必要的参数，即边界线，它可以作为划分出三个类别——0、1 和 2——的基础，这三个数字分别指代 Iris setosa、Iris virginica 和 Iris versicolor。在最后一行，我们使用预测器的 predict() 方法，根据已经学习的模型，打印出原始数据集的预测目标。输出如下：

```
array([0, 0, 0, 0, 0, 0, 0, 0, 0, 0, 0, 0, 0, 0, 0, 0, 0, 0, 0, 0, 0, 0,
0, 0, 0, 0, 0, 0, 0、0, 0, 0, 0, 0, 0, 0, 0, 0, 0, 0, 0, 0, 0, 1, 1, 1,
1, 1, 1, 1, 1, 1, 1, 1, 1, 1, 1, 1, 1, 1, 1, 1, 1, 1, 1, 1, 2, 1,
2, 1, 2, 2, 2, 2, 2, 2, 2, 2, 2, 2, 2, 2, 2, 2, 2, 2, 2, 2, 2, 2, 2,
2, 2, 2, 2, 2, 2, 2, 2, 2, 2, 2, 2, 2, 2, 2, 2, 2, 2, 2, 2])
```

请注意预测结果中微小的差异，也就是那几条标记得不一致的记录。这些是预测出来的结果，而不是数据中存在的实际目标。

5.7 小结

在本章中，我们纵览了人工智能和机器学习的整体视图，探索 ML 的开发过程，了解了 Scikit-learn API 的基本原理。下一章将深入研究机器学习算法，探讨如何调整工具以获得最佳结果。作为起步，我们将在下一章中讨论开始训练过程之前需要如何处理各种格式的数据。

第6章
为机器学习准备数据

正如我们在第5章看到的那样，数据的收集、准备和规范化是一切机器学习实验中的一个主要步骤。几乎所有机器学习算法（不过也有一些有趣的例外）都以数字的向量为工作对象。即使是其他算法或工具也会要求数据以特定的方式进行格式化。因此，无论处理的是哪种原始数据，您都应该知道如何在不丢失必要细节的情况下将其转换为可用的格式。

在本章开始时，我们将首先看一下我们期望在实验中发现的不同种类的数据变量。在建立了这种区别之后，我们将深入地处理来自逗号分隔值（comma-separated value，CSV）文件的良好的结构化数据，这将帮助我们了解如何处理数据不一致、数据缺失等问题。接着，我们将研究特征选择和特征生成，这将帮助我们把数据行转换成数值向量。然后，我们将讨论将文本和图像向量化的标准方法，这是最流行的非结构化数据类型。

6.1　数据变量的类型

数据变量通常根据其支持的算术特性进行分类。假设有一个包含着详细个人资料的数据集，其中有两个列：就读大学所在的城市以及全职工作的年薪。这两列都含有可能会对将建立的预测系统的分析产生影响的数据。

然而，在每一列的应用方面，存在着重大的区别。您可能会说，A 的收入是 B 的两倍。所有基本操作都可以应用在这一列的数据上面。但是对于人们的大学所在的城市，您唯一可以应用的操作是查看 A 和 B 是否在同一个城市上学。基于这种区别，主要有两种类型的数据变量。

1. 连续变量，它可以取任何正负实数。这些变量不受可能值（possible values）的限制，其精确程度取决于测量方法。举例来说，您的身高可能被测量为 170 厘米。这可能是取整后得到的一个更精确的身高（例如，170.110 厘米）。

2. 离散变量，它只能从允许的一组可能值中取一个特定的值。例如，城市的名称，雇员的级别，等等。即使这些变量取的是数值，它们也将被限制在一组可能值中，而不是数轴中的一个实数。举例来说，雇员地址中的区块编号或部门编号将被视为离散变量。

另一个区别与测量尺度有关，它根据变量可能获得的数值和可以应用于它们的算术运算，给出了一个更清晰的区分。按照这种方式，变量可以认为是 4 个尺度——名目、次序、等距、等比——中的一个。

6.1.1　名目数据

名目数据是一种可以取任意非数字值的数据类型。这种数据既不能被测量也不能被比较。名目数据可以是定性的，也可以是定量的；但由于其性质，这些数据不能被用于算术运算。举例来说，姓名、地址、性别等都可以被视为名目数据属性。唯一可以学习的统计集中趋势是众数，或着说是在所研究的属性中最常出现的数据值。平均数和中位数对名目数据是没有意义的。

6.1.2　次序数据

次序数据是一种数据类型，它的值遵循一个顺序。尽管数值不具有差异和增量的概念，但它们可以用大于、小于或等于来进行比较。虽然这些值不支持基本算术运算，但它们可以使用比较运算符进行比较。不过，中位数可以被认为是集中趋势的有效测量手段。举例来说，T 恤衫尺寸（S、M、L、XL 等），客户调查中的李克特量表（总是、有时、很少、从不）等都属于次序数据。

6.1.3 等距数据

等距数据是一种具有次序数据属性的数据类型（数值可以被比较），它的区间是平分的。这种数据属性支持加法和减法。温度的华氏度数是一个很好的例子。在 30 ℉ 和 31 ℉ 之间观察到的温差与 99 ℉ 和 100 ℉ 之间的温差相等。然而，我们不能说 60 ℉ 是 30 ℉ 的两倍热。

6.1.4 等比数据

等比数据是一种具有自然原点的数据类型，它支持等距数据的所有属性，以及乘法、除法等算术运算。它对 0 有明确的定义，表示没有正在学习的属性。这些值是连续的，并且支持所有数值操作。我们可以研究这种数据的统计集中趋势，以及离散趋势（measures of spread），比如变异（variation）。

6.2 转换

在任何机器学习实验中，最开始的必做事项里一定有准备数据，并将其转换为算法所接受的形式这一项。在某些情况下，您需要弄清楚所需的信号是什么，并将其提取出来，然后准备一个或多个代表数据的向量元素。这个过程称为特征提取（feature extraction）。

无论处理的现实世界的数据点是什么，您要做的都是把它转换成特征向量。举例来说，假设有关于学生注册课程的数据，那么每个学生——也就是每个现实世界的物理实体——可以表示为他们的个人人口统计信息，教育信息，等等。

个人信息是指姓名、联系电话、出生日期、性别等。

教育信息是指最高教育水平、目前就读的研究方向、学号、就读的课程、每门课程的分数，等等。

这些属性中的大部分都需要进行转换。如果我们选择的算法希望每个属性都是数字，那么我们可能需要进行如下几种转换，以将非数字的特征转换成数字。

1. 名称：对这种方法而言，这个数据将被认为是毫无意义的。我们需要删除这个字段。

2. 出生日期：我们可以用这个字段来得到学生的当前年龄。

3. 性别：可以是各种选项中的一个。我们将在下一节中看到如何处理这种数据。

4. 最高的教育水平：可以是各种选项中的一个。因为它具有顺序性，所以我们可以尝试使用一种不同的方法。将在下一节中将会深入讲解。

5. 每门课程的分数：可以合并起来，得到总分，并将其归入不同的成绩等级。

6.2.1 转换名目属性

Gender（性别）属性可能有三个值：男、女和其他。因为不能进行算术运算，也无法相互比较这些值，所以它是一个名目属性。这可以被表达为一个可能值的向量。

假设一个学生有以下几个值：

```
Edward Remirez, Male, 28 years, Bachelors Degree
```

我们可以将性别列转换为三个值的集合：

```
Edward Remirez, 0, 1, 0, 28 years, Bachelors Degree
```

这种转换称为独热编码（one-hot encoding）。表 6-1 显示了 Gender 的不同值将如何以这种格式进行转换。经过这种转换后，特征被转换为二进制数组，其中为一个属性的每个可能值创建一个二进制列。如果生成的列中的值与实际值相符，则被视为 1，否则为 0。Scikit-learn 使用 sklearn.preprocessing 为这种转换提供了简单的接口。

表 6-1 转换为独热形式的"Gender"字段

性别	是女性？	是男性？	是其他？
女	1	0	0
男	0	1	0
其他	0	0	1

让我们为这个例子准备一个简单的数据框架：

```python
import pandas as pd
df = pd.DataFrame([["Edward Remirez", "Male",28, "Bachelors"]、
["Arnav Sharma","Male",23,"Masters"],
["Sophia Smith", "Female",19, "High School"]], columns=['Name', 'Gender',
'Age', 'Degree'])
```

如表 6-2 所示，该数据集包含四个列和三个行。

表 6-2　带有三个列的数据框架

	Name	Gender	Age	Degree
0	Edward Remirez	Male	28	Bachelors
1	Arnav Sharma	Male	23	Masters
2	Sophia Smith	Female	19	High School

我们需要从 sklearn.preprocessing 中导入必要的类，并拟合 OneHotEncoder 的一个对象：

```
from sklearn.preprocessing import OneHotEncoder
encoder_for_gender = OneHotEncoder().fit(df[['Gender']] )
```

可以用以下方法验证这些值和它们的列索引：

```
encoder_for_gender.categories_
```

如果数据集中有更多个列的话，它们在此处将被显示为输出。

为了将数据转为转换后的属性，请使用以下方法：

```
gender_values = encoder_for_gender.transform(df[['Gender']])
```

gender_values 是一个稀疏矩阵（sparse matrix）；也就是说，元素只存储在有非零值的地方。可以用以下方法将其转换为 NumPy 数组：

```
gender_values.toarray()
```

这里可以看到每一行的性别列已经被分成了两列，第一列代表女性，第二列代表男性：

```
array([[0., 1.],
       [0., 1.],
       [1., 0.]])
```

可以用以下方法在数据框架中重新打包这些值：

```
df[['Gender_F', 'Gender_M']] = gender_values.toarray()
```

现在的数据框架应该看起来像表 6-3 所示。

表 6-3   将性别列转换为单热向量的数据框架

	Name	Gender	Age	Degree	Gender_F	Gender_M
0	Edward Remirez	Male	28	Bachelors	0.0	1.0
1	Arnav Sharma	Male	23	Masters	0.0	1.0
2	Sophia Smith	Female	19	High School	1.0	0.0

6.2.2   转换有序属性

有些属性的值是相对排序的，这些属性的转换方式较为简单，并且还可以保留关于排序的信息，并帮助创建更有意义的模型。继续以之前那位学生为例：

```
Edward Remirez, Male, 28 years, Bachelors Degree
```

我们知道，教育程度是按照顺序排列的，即高中学历在最下端，然后是学士学位、硕士学位、博士学位等。我们可以给每个标签分配一个数值，比如高中为 0，学士为 1，硕士为 2，博士为 3。

这一行个人信息现在可以写成下面这样：

```
Edward Remirez, 0, 1, 0, 28 years, 1
```

我们将用前一个例子中的相同数据集继续做实验。这里有一个将 Degree 属性转换为 Ordinal 编码的简单例子：

```
from sklearn.preprocessing import OrdinalEncoder
encoder_for_education = OrdinalEncoder()
encoder_for_education.fit_transform(df[['Degree']])
encoder_for_education.categories_
```

稍后会看到以下类别：

```
[array(['Bachelors', 'High School', 'Masters'], dtype=object)]
```

然而，我们想要的顺序是：高中 > 学士 > 硕士 > 博士。出于这个原因，我们需要在不期望类别顺序的情况下初始化 OrdinalEncoder（序号编码器）。我们将做如下处理：

```
encoder_for_education = OrdinalEncoder(categories = [['Masters',
'Bachelors','High School', 'Doctoral']])
df[['Degree_encoded']] = encoder_for_education.fit_
```

```
transform(df[['Degree']])
```

现在，df 的转换结果如表 6-4 所示。

表 6-4　使用序号编码对学位进行编码后的数据框架

	Name	Gender	Age	Degree	Gender_F	Gender_M	Degree_encoded
0	Edward Remirez	Male	28	Bachelors	0.0	1.0	0.0
1	Arnav Sharma	Male	23	Masters	0.0	1.0	2.0
2	Sophia Smith	Female	19	High School	1.0	0.0	1.0

Gender 和 Degree 这两列现在可以删除了。我们也可以删除 Name 这一列，因为我们认为它所包含的信息是任何模型都应该捕获的最低限度的信息。

```
df.drop(columns=['Name', 'Gender', 'Degree'], inplace=True)
```

这个数据框架现在已经可以使用了。它应该看起来像表 6-5 中显示的数据。

表 6-5　对性别和学位进行编码后只包含数值数据的数据框架

	Age	Gender_F	Gender_M	Degree_encoded
0	28	0.0	1.0	0.0
1	23	0.0	1.0	2.0
2	19	1.0	0.0	1.0

 提示

如果我们必须引入一个新的值，例如介于学士学位和硕士学位之间的研究生文凭，我们将需要再次处理所有数据以重新分配新值。

6.3　归一化

另一个重要的预处理步骤是对数据进行归一化处理，以便使特征处于相近的范围内。这一点非常重要，特别是在使用受分布形状影响的算法或基于向量或距离的计算的实验中。

让我们看看前面例子中产出的数据框架吧。另外，也可以用下面的方法创建一个看起来完全一样的数据框架：

```
df = pd.DataFrame({'Age': {0: 28, 1: 23, 2: 19},
'Gender_F': {0: 0.0, 1: 0.0, 2: 1.0},
'Gender_M': {0: 1.0, 1: 1.0, 2: 0.0},
'Degree_encoded': {0: 0.0, 1: 2.0, 2: 1.0}})
Df
```

如表 6-6 所示，这个数据框架，包含两列完全由 1 或 0 组成的数据，学历的范围则是 0 到 4。我们还没有对年龄进行处理，因为在大多数实际情况下，它可以是一个 16 到 60 之间的数字。在本节中，我们将研究两个可以应用于 Age 的主要转换方式，以使其达到类似的范围。

表 6-6　重新创建的只包含数字数据的数据框架

	Age	Gender_F	Gender_M	Degree_encoded
0	28	0.0	1.0	0.0
1	23	0.0	1.0	2.0
2	19	1.0	0.0	1.0

6.3.1　线性函数归一化

线性函数归一化转换是对每个特征进行压缩，并将数据集中的最小数字映射为 0，最大数字映射为 1 的缩放。该转换的公式 [1] 如下所示：

$$x_{std} = \frac{x - x_{min}}{x_{max} - x_{min}} \quad x_{scaled} = x_{std} * (x_{max} - x_{min}) + x_{min}$$

如果需要，可以如下设置特征范围（最小值，最大值）：

```
from sklearn.preprocessing import MinMaxScaler
scaler = MinMaxScaler()
scaler.fit(df[['Age']] )
df['Age'] = scaler.transform(df[['Age']])
```

现在可以验证 Age 列是否已经被解析为 0-1 范围了，如表 6-7 所示。

---

[1]　https://scikit-learn.org/stable/modules/generated/sklearn.preprocessing.MinMaxScaler.html

表 6-7　使用最小－最大比例转换年龄列后的数据框架

	Age	Gender_F	Gender_M	Degree_encoded
0	1.000000	0.0	1.0	0.0
1	0.444444	0.0	1.0	2.0
2	0.000000	1.0	0.0	1.0

6.3.2　标准缩放

标准缩放（standard scaling）通过去除平均数和缩放到单位方差来对特征值进行标准化。因此，该值代表着相对于该列的平均值和方差的 z 值。一个样本的标准分数（standard score，也称 z 分数）计算公式 [①] 为：

$$z = \frac{(x - \mu)}{s}$$

其中，μ 是平均值，s 是样本的标准差。

我们可以取 Age 列的原始值，并使用 StandardScaler 对其进行缩放：

```
from sklearn.preprocessing import StandardScaler
scaler = StandardScaler()
scaler.fit(df[['Age']])
df['Age'] = scaler.transform(df[['Age']])
```

这应该可以得到如表 6-8 所示的数值。

表 6-8　使用 StandardScaler 对 Age 列进行转换后的数据框架

	Age	Gender_F	Gender_M	Degree_encoded
0	1.267500	0.0	1.0	0.0
1	-0.090536	0.0	1.0	2.0
2	-1.176965	1.0	0.0	1.0

通过以下代码可以查看 scaler 的参数：

```
scaler.mean_
Out: array([23.33333333])
scaler.scale_
Out:array([3.68178701])
```

① https://scikit-learn.org/stable/modules/generated/sklearn.preprocessing.StandardScaler.html

6.4　预处理文本

很多真实数据是以文本的形式存在的，它们可能是对调研的评论，或者是电商网站上的产品评价，或者是我们想要利用的社交媒体文本。处理、理解和生成文本的主题主要涉及一个名为"自然语言处理（NLP）"的研究领域。在本节中，我们将讲解把文本转换为向量的基本技术，这可能是本书未来的一些例子中需要用到的。

6.4.1　准备 NLTK

Python 中最流行的 NLP 库之一是 NLTK，即 Natural Language ToolKit（自然语言工具箱）。如果您以前没有在电脑上使用过 NLTK 的话，我们需要检查它是否可以使用，如果不可以，就要下载所需的模型。

运行以下代码：

```
from nltk.tokenize import word_tokenize
```

如果操作成功的话，将不会产生任何输出。如果是第一次使用 NLTK，那么使用 NLTK 的函数可能会导致一个下面这样的错误。出现这个错误意味着您的系统中没有 NLTK 的基本操作所需的预训练模型。

```
LookupError: ************************************************************
*****
  Resource punkt not found.
  Please use the NLTK Downloader to obtain the resource:
  >>> import nltk
  >>> nltk.download('punkt')
  For more information see: https://www.nltk.org/data.html
  Attempted to load tokenizers/punkt/english.pickle
```

如果看到了这样的错误，运行以下代码即可：

```
import nltk
nltk.download()
```

这将打开一个类似于图 6-1 的窗口。

我们可以单独选择需要安装的包。可以只选择"book"，它将安装官方 NLTK 文档和文档及本书中的示例所需要用到的模型和工具。这个过程将花费几分钟的时间，完成后，Status（状态）栏中将显示 Installed（已安装）。

图 6-1　NLTK 软件包下载器窗口

6.4.2　NLP 流水线的 5 个步骤

在应对文本数据时，主要目的之一应该是开发一个流水线，将文本作为输入，并为每个句子或文件（或任何您想考虑的数据单位）产生向量。它将经历以下 5 个步骤。

1. 分割

分割（segmentation）是寻找句子边界的过程。每个句子都是一个完整的单元，传达着某种意义。在英语中，句号表示一个句子的边界，但并不总是如此。举例来说，英语中的句号或句点可以用于缩写，因此，对于一个以规则为基础的方法来说，将每个句号视为多个句子之间的分隔符可能是个不正确的假设。出于这个原因，人们开发了一些更复杂的方法，可以检查句号是否为有效的句子分隔符；或者使用复杂的正则表达式模式来分割句子。还有一些更复杂并切实可用的方法利用最大熵模型（maximum entropy model）来分割句子。在另外的一些机器学习实验中，一个句子将直接作为一个数据单元。

2. 标识化

标识化（tokenization）将一个句子或一个序列分解成单独的组件或单元，称为标识。这些标识可以是单词、特殊字符、数字等。

在 NLTK 中试试下面的方法：

```
from nltk.tokenize import word_tokenize
```

```
word_tokenize("Let's learn machine learning")
```

输出是一个包含代表每个标识的单独字符串的列表。每一个都可以单独处理：

```
['Let', "'s", 'learning', 'machine', 'learning']
```

在某些情况下，我们希望进行大小写折叠，使所有的词都变成全部大写或全部小写（最好是小写）的形式。

```
tokens = [t.lower() for t in word_tokenize("Let's learn machine learning")]
print (tokens)
['let', "'s", 'learn', 'machine', 'learning']
```

6.4.3 词干提取和词形还原

由于语法上的原因，同一个词根在文本中可能会以不同的形式出现。在大多数情况下，它们会导向类似的含义，举例来说，work、working、works 所表达的含义在本质上是类似的，只不过其释义略有不同。词干提取就是提取词根的过程。

一种流行的干化方法称为波特词干提取法。[①] 它执行一系列基于规则的操作，比如：

```
SSES -> SS
IES -> I
SS -> SS
S ->
```

我们可以在 Python 的 NLTK 中使用波特词干提取法的实现。

```
from nltk.stem.porter import PorterStemmer
stemmer = PorterStemmer()
for token in tokens:
print(token, " : ", stemmer.stem(token))
```

这些代码将产生以下输出：

```
let : let
's : 's
learn : learn
machine : machin
learning : learn
```

---

① https://tartarus.org/martin/PorterStemmer/

在较大的程序中，您会更喜欢下面这样的推导：

```
stemmed_tokens = [stemmer.stem(token) for token in tokens]
```

6.4.4　移除停用词

有几个高频词会增加内存的使用，而忽略它们几乎不会导致误差增加。它们往往会增添大量噪音，并减慢进程。这些词，比如"a"、"and"、"now"，被称为停用词，NLTK 可以通过与词表比对来帮助删除它们。

```
from nltk.corpus import stopwords
eng_stopwords = stopwords.words('english')

for token in stemmed_tokens:
    if token in stopwords.words('english'):
        stemmed_tokens.remove(token)
```

您可以通过打印 eng_stopwords 的值来检查 NLTK 中记载的完整的停用词列表。在写这段文字时，它包含 179 个词。尽管这个数字看上去不多，但这些词实际上占英语文本的20% 以上，因此数据的大小能够立即减少。

6.4.5　准备词向量

和所有其他类型的数据一样，文本也需要被转换为向量形式。我们有数种机制，最简单的是将一个数据点（或一个句子）视为一个词袋（bag of words），其编码方式类似于独热机制，可以在代表所有现有单词的列中填入数字 1，也可以填入该单词在给定句子中的出现次数的计数。表 6-9 是一个示例。

表 6-9　一些句子的词袋表示法

	about	bird	heard	is	the	word	you
About the bird, the bird, bird bird bird	1	5	0	0	2	0	0
You heard about the bird	1	1	1	0	1	0	1
The bird is the word	0	1	0	1	2	1	0

为此，我们可以使用 CountVectorizer 或 Scikit-learn 中的其他 Vectorizer。我们将在下面的端到端示例中看到对它们的应用。

```
from nltk.tokenize import word_tokenize
from nltk.corpus import stopwords
from nltk.stem.porter import PorterStemmer
from sklearn.feature_extraction.text import CountVectorizer
stemmer = PorterStemmer()
eng_stopwords = stopwords.words('chinese')

data = ["Let's learn Machine Learning Now", "The Machines are Learning", "It
is Learning Time"]
tokens = [word_tokenize(d) for d in data]
tokens = [[word.lower() for word in line] for line in tokens]

for i, line in enumerate(tokens):
    for word in line:
        if word in stopwords.words('english'):
            line.remove(word)
    tokens[i] = ' '.join(line)

matrix = CountVectorizer()
X = matrix.fit_transform(tokens).toarray()
```

在这里，X 将成为一个形状为（m, n）的二维数组，其中 m 是数据的行数，n 是词汇量的大小，或者是被认为代表一个文本向量的独特词的数量。

可以通过比较特征名称和数值来可视化文本向量：

```
pd.DataFrame(X, columns=matrix.get_feature_names())
```

表 6-10 展示了最终的向量表示，可以用作机器学习算法的输入，我们将在接下来的章节中研究这些算法。

表 6-10   在数据框架中被表示为词袋的句子

	learn	learning	let	machine	machines	time
0	1	1	1	1	0	0
1	0	1	0	0	1	0
2	0	1	0	0	0	1

6.5　预处理图像

处理图像是机器学习和计算机视觉这两个领域的一个大型子集。在本节中，我们将介绍本书的一些例子中可能需要了解的基本概念。

全彩图像可以被看作是一个三维数组，其中两个维度用来表示像素的行和列数，第三个维度表示颜色通道，即红色、绿色或蓝色。每个单元格中的值代表每个颜色通道在给定单元格的强度。

以三维数组的形式读取图像的一个简单方法是使用 Matplotlib 的 imread 函数。这可以通过以下方法来完成，请填入您电脑中的任意图像的路径：

```
import matplotlib.pyplot as plt
img = plt.imread('C:\\Users\johndoe\Documents\ Images\puppy.jpg')
```

如果是 Linux 或 Mac，请确保以正确的格式写入路径：

```
img = plt.imread('/home/johndoe/Pictures/puppy.jpg')
```

（红毛澳大利亚牧羊犬幼犬，由 Andrea Stöckel 拍摄）

可以用以下方法来显示图 6-2 中的图像：

```
plt.imshow(img)
```

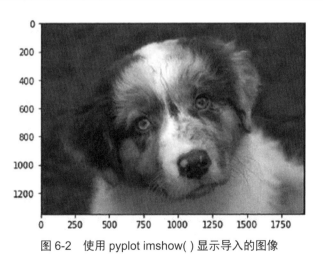

图 6-2　使用 pyplot imshow( ) 显示导入的图像

第三个维度代表颜色通道，它可以是红色、绿色或蓝色。我们可以通过以下代码得到图像中红色通道的像素值，如图 6-3 所示。

```
plt.imshow(img[:,:,0])
```

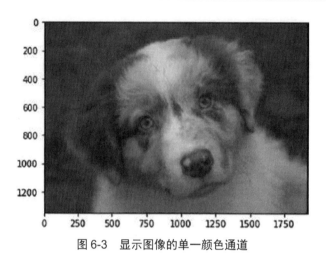

图 6-3   显示图像的单一颜色通道

用 img [row , col , channel] 可以对图像的任何特定像素进行索引。可以通过 imshow() 函数查看结果，如图 6-4 所示。

```
cropped_image = img[200:1000,700:1500, :]
```

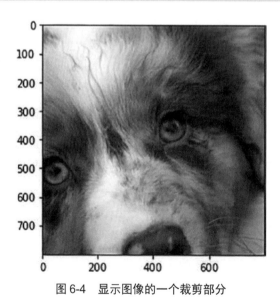

图 6-4   显示图像的一个裁剪部分

```
plt.imshow(cropped_image)
```

用于图像处理和计算机视觉的库有很多，其中最流行的是 OpenCV 和 Scikit-Image。下面是一个关于使用 Scikit-Image 检测边缘（edge）的例子，它产生的输出如图 6-5 所示。

```
from skimage import io,filters
img = plt.imread('C:\\Users\\johndoe\\Documents\\ Images\\puppy.jpg') edges =
filters.sobel(img)
io.imshow(edges)
io.show()
```

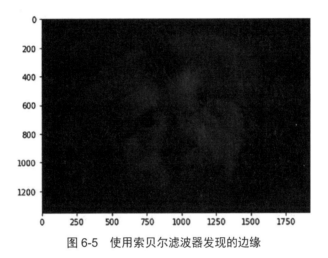

图 6-5　使用索贝尔滤波器发现的边缘

这个滤波器被用来创建强调原始图像边缘的图像，它可以作为与图像识别或分类系统相关的流水线的一部分。

6.6　小结

通过使用本章介绍的方法，您应该能够采集到数据，将其转换为预期的格式，并在将其发送到机器学习流水线的下一个步骤之前执行必要的缩放。

在接下来的章节中，我们将研究机器学习算法，并研究一个实际使用 Scikit-learn 来训练模型的案例。

第 7 章
初探监督式学习方法

　　监督式学习指的是学习预测给定输入样本的数字或分类输出的任务。在这类问题中，您将获得或创建一个包含着具有明确标记的输出的数据集。本章将介绍一些基础且重要的监督时学习方法。

　　本章首先将说明何为线性回归，然后将进行一个基于scikit-learn 的实验。我们还将探讨一些确定回归模型质量的措施。接下来，我们将讨论一种名为"逻辑回归"的分类方法，学习一个简单的模型，并在决策边界图中将其预测结果可视化。最后，我们将学习决策树，它是一套强大方法的基础，既可以用于分类，也可以用于回归。我们将研究一个简单的例子，并将决策树可视化。

7.1 线性回归

线性回归是一种监督式学习方法，专门用来模拟因变量和一个或多个自变量之间的关系。它的目的是构建一个输出数值的线性函数

图 7-1 展示了一个自变量的简单例子。在图中，我们试图对学生的成绩和他们毕业后得到的第一份工作的薪水之间的关系进行建模。

您很容易就能够直观地看到两者之间的线性关系，尽管存在着几个异常值。我们想要找到的是最能代表整个数据集的所有点的那条线。

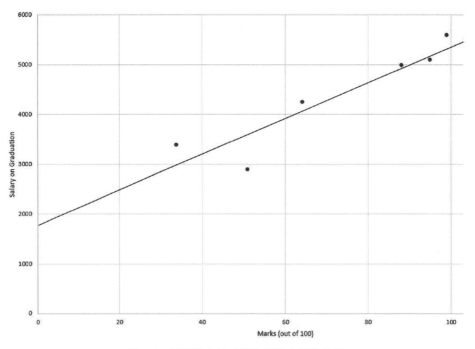

图 7-1　探索学生的成绩和工资之间的关系

7.1.1 寻找回归线

在线性回归中，我们的目的是找到一个函数，该函数将自变量 X 的值（或数值）作为输入，然后提供因变量 y 的值作为输出。基础的几何学告诉我们，直线的方程是由以下几个部分组成的：

$$y = mx + c$$

其中，m 是线的斜率（slope），c 是直线与 y 轴的交点。二维平面上的任何直线都可以由

这两个参数来定义。

学习过程或训练的目的是要找到 m 和 c 的最佳可能值，尽量与各个点想匹配。诚然，真实数据的性质决定了没有任何线能穿过所有点。这就将我们导向了误差的概念。

误差被定义为自变量的实际值与回归线所确定的值之间的差异。我们希望通过误差的平方值找到斜率 m 和截距 c，从而得出总成本。

通常，数据中的列会有一个以上（x 的组成部分），它们将被称为 x_1、x_2、x_3……x_n，这将导致在 n 个轴上的斜率为 m_1、m_2、m_3……m_n 的线。因此，您学习的参数数量将是（n+1），其中 n 是列的数量，或数据的维度。为了简单起见，我们将假设只有一个独立的列 x，并以此为前提继续进行讲解。

跨越各个轴的斜率的公式如下：

$$b_1 = \frac{\sum_i \left(x_i - \bar{x}\right)\left(y - \bar{y}\right)}{\sum_i \left(x_i - \bar{x}\right)^2}$$

在 y 轴上的截距为：

$$b_0 = \bar{y} - b_0 \bar{x}$$

根据 y 轴上的截距 b_0 和一个或多个斜率 b_k，直线的最终方程可以如下表示：

$$y = b_0 + b_1 x_1 + b_2 x_2 + .$$

1. 使用 Python 进行线性回归

Scikit-learn 为普通最小二乘法的实现提供了一个简单易用的界面。

让我们创建一个样本数据集来工作。我们将创建一个包含两列的 Pandas 数据框架：一列是自变量，即学生的分数（满分 100 分）；另一列是因变量，即他们毕业后的薪水。我们想建立一个线性模型来表达这两者之间的关系。如此一来，我们将能够根据学生获得的分数来预测他们将得到的薪水。

```
import numpy as np
import pandas as pd
data = pd.DataFrame({"marks":[34,95,64,88,99,51], "salary":[3400, 2900, 4250, 5000, 5100, 5600]})
```

正如我们在第 5 章中所看到的那样，Scikit-learn 有一个标准的 API，适用于大多数常见任务。对于学习或拟合模型的参数，我们可以使用 fit() 方法，它需要两个参数：一个是输入（自）变量 X，另一个是输出（因）变量 y。X（通常为大写）是一个形状（n，d）的二维数组，其中 n 是训练数据的行数，d 是列数。y（通常为小写）是一个形状（n，）的一维数组，每行训练数据包含一个项目。为了将数据转换为正确的形状，请使用以下方法：

```
X = data[['marks']].values
y = data['salary'].values
```

这将迫使 Pandas 产生一个只有一列的 2D 数据框架，然后将其转换为 NumPy 数组。用以下方法来验证这个形状：

```
print ( X.shape, y.shape )
```

它应该产生以下输出：

```
(6, 1) (6,)
```

现在我们将从 Scikit-learn 中导入 LinearRegression 并拟合模型。

```
from sklearn.linear_model import LinearRegression
reg = LinearRegression()
reg.fit(X,y)
```

模型已经创建好了。现在，我们可以根据学生的分数来预测他们的工资，方法如下：

```
reg.predict([[70]] )
```

输出将是一个一维数组，其中包含着根据所学模型预测的工资。

```
array([4306.8224479])
```

这也允许您发送一个包含多行数据的数组：

```
reg.predict([[100],[50],[80]])
```

它的输出结果如下：

```
array([5422.45511864, 3563.06733407, 4678.70000481])
```

2. 将所学内容可视化

由于我们知道了参数 m 和 c，我们可以绘制一条线来将它的拟合情况可视化。通过以下方法可以检查系数（m）和截距（c）的值：

```
print (reg.coef_)
print (reg.intercept_)
Out: [37.18775569]
1703.6795495018537
```

注意，系数是一个数组，因为在数据包含多个自变量的情况下，我们将学习多个斜率。接下来，让我们导入 Matplotlib 并将训练数据点和回归线可视化。

```
import matplotlib.pyplot as plt
fig,ax = plt.subplots()
plt.scatter(X, y)
ax.axline(  (0, reg.intercept_), slope=reg.coef_ , label='regression line')
ax.legend()
plt.show()
```

由此生成的图表如图 7-2 所示。

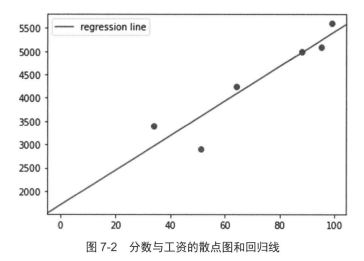

图 7-2　分数与工资的散点图和回归线

如果有兴趣，可以对这段代码稍作修改，以在图中打印出每个点的值，如图 7-3 所示。

```
import matplotlib.pyplot as plt
import random

fig,ax = plt.subplots()
fig.set_size_inches(15,7)
plt.scatter(X, y)
ax.axline( (0, reg.intercept_), slope=reg.coef_ , label='regression line')
ax.legend()
```

```
ax.set_xlim(0,110)
ax.set_ylim(1000,10000)

for point in zip(X, y):
ax.text(point[0][0], point[1]+5, "("+str(point[0]
[0])+","+str(point[1])+")")

plt.show()
```

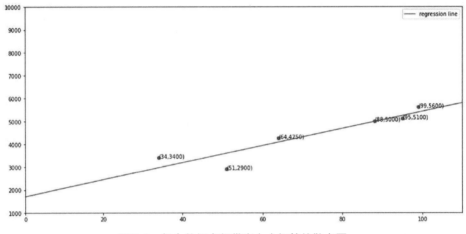

图 7-3　每个数据点都带有文本标签的散点图

3. 对线性回归进行评估

我们有几种评估措施可以检查回归模型的性能如何。在这个例子中，我们将简单地比较我们的预测与训练数据集中的实际值之间相差多少。在下面的代码块中，我们将准备一个数据框架，将实际工资值与预测值相比较：

```
results_table = pd.DataFrame(data=X, columns=['Marks'])
results_table['Predicted Salary'] = reg.predict(X)
results_table['Actual Salary'] = y
results_table['Error'] = results_table['Actual Salary']-results_
table['Predicted Salary']
results_table['Error Squared'] = results_table['Error']* results_
table['Error']
```

result_table 应该和表 7-1 一致。

表 7.1　实际工资与预测工资之间的误差

	Marks	Predicted Salary	Actual Salary	Error	Error Squared
0	34	2968.063243	3400	431.936757	186569.362040
1	51	3600.255090	2900	-700.255090	490357.190739
2	64	4083.695914	4250	166.304086	27657.049103
3	88	4976.202050	5000	23.797950	566.342408
4	95	5236.516340	5100	-136.516340	18636.711137
5	99	5385.267363	5600	214.732637	46110.105415

我们可以用这个表来计算平均绝对误差或均方误差，又或是最常见的均方根误差。

```
import math
import NumPy as np
mean_absolute_error = np.abs(results_table['Error']).mean()
mean_squared_error = results_table['Error Squared'].mean()
root_mean_squared_error = math.sqrt(mean_squared_error)

print (mean_absolute_error)
print (mean_squared_error)
print (root_mean_squared_error)
```

这会产生三个误差值：

```
278.9238099821918
128316.12680688586
358.2124045966106
```

也可以使用内部实现来获得这些误差值：

```
from sklearn.metrics import mean_squared_error, mean_absolute_
errorprint(mean_squared_error(results_table['Actual Salary'], results_
table['Predicted Salary'))
print(math.sqrt(mean_squared_error(results_table['Actual Salary'], results_
table['Predicted Salary'])))
print(mean_absolute_error(results_table['Actual Salary'], results_table['Predicted Salary']))
```

Scikit-learn 还提供了 R 方的值，衡量模型能够多大程度地解释因变量的变化。R 方（R Squared）是一个衡量线性回归拟合度的常用标准。在数学上，它是 1 减去预测误差的平方和与总平方和的比值。R 方的值通常在 0 和 1 之间，1 代表理想的最佳模型。

```
from sklearn.metrics import r2_score
print ("R Squared: %.2f" % r2_score(y, reg.predict(X)))
```

得到的结果如下：

```
R Squared: 0.75
```

7.2   逻辑回归

逻辑回归是一种分类方法，它对一个数据项属于两个类别之一的概率进行建模。在下图中，我们希望根据学生在机器学习和数据结构中获得的分数来预测他们是否会得到一份工作。很明显，除了少数人意外，在机器学习和数据结构方面都有较高分数的学生在毕业时都得到了工作机会。有两个学生在机器学习方面的分数较低，但在数据结构方面的分数相对较高，他们也得到了工作机会。

我们想建立一条边界线，并根据学生在这两门学科上的分数来用边界线将他们分开，让那些在毕业时得到工作机会的学生属于边界线的一边，没有得到工作机会的学生则属于另一边。一条可能的边界线如图 7-4 所示。有了这样的边界线后，当您根据两门科目的分数得到一个新的数据点时，就可以预测学生是否会找到工作了。

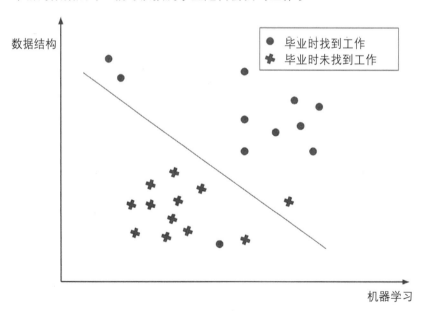

图 7-4   线性分类问题中的边界线

提示

　　这种分类技术称为逻辑回归，但它被用来预测二元分类变量，而不是像回归方法那样用来预测连续变量。它的名字中包含"回归"这个词是约定俗成的，因为在这里我们想要通过学习参数来回归一个数据点属于某个分类的概率。

7.2.1　表达式概率的线与曲线的比较

　　假设我们有个只有一个维度的数据（例如，平均分数），并且有两个类标签，分别指那些找到工作的人和那些没有找到工作的人。在本次讨论中，我们将称它们为正类和负类。我们可以尝试捕捉这种关系，找到一条能够显示一个点属于某个类别的概率的线性回归线。

　　然而，训练数据中的目标值要么是 0，要么是 1，其中 0 代表负类，1 代表正类。这类数据将很难通过线性关系来采集。我们更倾向于找到一个 sigmoid 或 logistic 曲线，尝试捕捉这种模式，其中大部分预测值将位于 $y=0$ 或 $y=1$ 上，还会有一些值位于这个范围之内。这个从数值也可以被视为该点属于其中一个类别的概率。

　　sigmoid 或 logistic 函数的计算方法为：

$$s = \frac{1}{1 + e^{-(\theta_0 + \theta_1 x_1 + \ldots)}}$$

其中，θ_0、θ_1 等代表一个参数（或多个参数，如果数据有多个列的话）。S 型曲线非常适用于这种使用情况。学习过程的目标是找到预测概率的误差最小的 θ。然而，模型的成本（或误差）基于的是预测的类别而不是概率值。

7.2.1　学习参数

　　我们使用一个简单的迭代方法来学习参数。参数值的任何变化都会导致线性决策边界发生变化。最开始，参数的初始值是随机的，我们通过观察误差来更新参数以稍微减少误差。这种方法称为梯度下降法。在这里，我们试图利用成本函数的梯度来移动到可能的最小成本。

　　对于各个参数，更新后的值的公式如下：

Repeat {

$$\theta_j := \theta_j - \alpha \sum_{i=1}^{m} \left(h_\theta \left(x^{(i)} \right) - y^{(i)} \right) x_j^{(i)}$$

} *(simultaneously update for θ_j)*

上面的公式中，$h_\theta(x^{(i)})$ 是数据集中每个训练行 x 的预测值，$y^{(i)}$ 是实际的目标类标签。$x_j^{(i)}$ 是训练数据中第 i 行的第 j 列的值。α 是一个额外的参数（超参数），用于控制参数值在每次迭代中应该受到多大的影响。

使用 Python 进行逻辑回归

在这个例子中，我们将重新回到 iris 数据集上。这个数据集有 150 行，包含每朵花的萼片长度、萼片宽度、花瓣长度和花瓣宽度。根据萼片和花瓣的尺寸，我们希望能够预测某朵花是 Iris Setosa（山鸢尾）、Iris Versicolor（变色鸢尾），还是 Iris Virginica（维吉尼亚鸢尾）。

让我们使用 Scikit-learn 提供的内部数据集来准备这个数据集。

```
from sklearn import datasets
iris = datasets.load_iris()
```

load_iris() 方法返回一个包含以下列的字典：

```
dict_keys(['data', 'target', 'frame', 'target_names', 'DESCR', 'feature_
names', 'filename'])
```

我们可以使用这些键值为我们的目的准备数据。虽然我们需要原始数据来训练使用 Scikit-learn 的逻辑回归模型，但我们将准备完整的数据框架来观察本例中数据的完整结构。

```
iris_data = pd.DataFrame(iris['data'], columns=iris['feature_names']) iris_
data['target'] = iris['target']
iris_data['target'] = iris_data['target'].apply( lambda x:iris['target_names'] [x])
```

在继续这个实验之前，我们将特意从 Iris Setosa 和 Iris Versicolor 类别中挑选数据，以简化数据集，使它能够匹配二元分类模型。虽然有三种类型，但我们将只取其中的两种。

```
df = iris_data.query("target=='setosa' | target=='versicolor'" )
```

先来看一下数据吧。变量有四个。让我们选取花瓣的宽度和长度来在二维图中绘制 100 朵花。

```
import seaborn as sns
sns.FacetGrid(df, hue='target', size=5).map(plt.scatter, "petal length (cm)",
"petal width (cm)").add_legend()
```

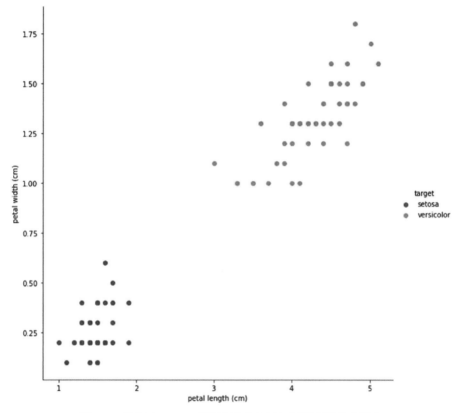

图 7-5 使用 Seaborn 沿两个维度显示的两类不同的鸢尾花

正如您在图 7-5 中所看到的那样，这两个类别大多是截然不同的，我们应该能够创建一条边界线，在误差几乎为 0 的情况下将两者明确分开。

让我们用 Scikit-learn 创建一个逻辑回归模型：

```
from sklearn.linear_model import LogisticRegression
logistic_regression = LogisticRegression()
X = iris_data.drop(columns=['target'])
y = iris_data['target']
logistic_regression.fit(X,y)
```

让我们创建一行数据来对这个模型进行测试：

```
X_test = [[5.6, 2.4, 3.8, 1.2]] 。
logistic_regression.predict(X_test)
```

以上代码块的输出是：

```
array(['versicolor'], dtype=object)
```

7.2.2 可视化决策边界

为了理解学习到的模型是如何将数据分成两类的，我们将只使用两个维度来重新创建模型，并根据萼片长度和萼片宽度绘制一张二维图表。限制维度是为了便于可视化和理解。

```
df = iris_data.query("target=='setosa' | target=='versicolor'")[['sepal length
(cm)','sepal width (cm)','target']]
X = df.drop(columns=['target']).values
y = df['target'].values
y = [1 if x == 'setosa' else 0 for x in y]
logistic_regression.fit(X,y)
```

学会了参数之后，我们将在这个二维空间中取每一个可能的点，比如 $(3.0, 3.0)$，$(3, 3.1)$，$(3, 3.2)$……，$(3.1, 3.0)$，$(3.1, 3.1)$，$(3.1, 3.2)$……，等等。我们将预测每一个这样的点的可能类别，根据预测，我们将给这个点着色。最终，我们应该能够看到整个二维空间被分成了两种颜色，其中一种颜色代表 Iris Setosa，另一种颜色代表 Iris Versicolor。

```
x_min, x_max = X[:, 0].min()-1, X[:,0].max()+1
y_min, y_max = X[:, 1].min()-1, X[:,1].max()+1
xx, yy = np.meshgrid(np.arange(x_min, x_max, 0.02), np.arange(y_min,
y_max, 0.02))
Z = logistic_regression.predict(np.c_[xx.ravel(), yy.ravel()]).
reshape(xx.shape)
plt.rcParams['figure.figsize']=(10,10)
plt.figure()
plt.contourf(xx, yy, Z, alpha=0.4)
plt.scatter(X[:,0], X[:,1], c=y, cmap='Blues')
plt.xlim(xx.min(), xx.max())
plt.ylim(yy.min(), yy.max())
```

前面的线为两列的最小可能值之间的所有点准备了一个空间，步长为 0.2。然后，我们预测每个可能的点的类别，并使用等高线绘制它们。最后，我们对原始基准点根据它们的类别标签进行了着色覆盖。您应该能看到图 7-6 显示的这样的边界。

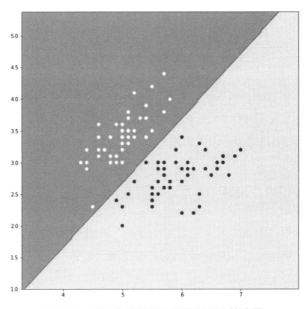

图 7-6　根据分类器的性能绘制的决策边界

图 7-6 中两个类之间的线性边界非常明显。

虽然这个方法很简单,但学习起来十分快速高效。在实际使用时,请注意特征的规模应该是有可比性的,数据在各类之间应该是平衡的,而且不应该有太多个异常值。

7.3　决策树

决策树是一套有效的、可解释性极高的机器学习方法,它以一套决策规则的形式生成回归或分类的规则,可以用流程图的方式记录下来。

决策树是倒着绘制的,它的根位于顶部。从根部开始,树上长满了条件语句;根据这些条件语句的一个个结果,控制流将被引向叶子节点,也就是最末端的那些节点,它们标识最终预测的目标类别。

考虑下面一组条件测试:

1.　年龄是否大于 16 岁?

2.　分数是否大于 85 ?

每个数据样本都要经过一连串这样的测试,直到它到达决策树的叶子节点,决策树根据训练数据样本的比例来决定类别标签。

7.3.1　构建决策树

决策树算法的学习阶段是一个递归过程。在每个递归过程中，它都会查看为特定阶段提供的训练数据，并试图找到可能的最佳划分。如果有足够的数据并且目标类别有足够大的差异，足以在下一阶段对目标标签进行更清晰的区分，我们就继续进行划分。否则，如果提供给当前阶段的训练数据太少或属于同一目标类别，我们就把它看作是一个叶子节点，并在给定的数据集中分配多数类的标签。

选择划分属性

选择属性时，我们需要能够在其基础上进行划分并创建一个条件，后者将成为算法的核心。有几个划分标准，一些实现方式是基于这些标准进行区分的。其中一个有趣的标准是使用熵的概念，它衡量数据中的随机性或不确定性的多少。一个数据集的熵的大小取决于节点中存在多少随机性。

在这种方法中，我们的目的是找到一个有助于降低划分后的熵的划分标准，从而使节点更加纯净。

熵的计算公式是 $\sum_{i=1}^{c} -p_i \log(p_i)$，其中 c 是数据集中可能的类标签的数量。如果一个样本是完全同质的，或者属于同一个类，那么熵就为 0，如果样本均匀地分布在各个类中，那么它的熵就为 1。

为了更好地理解，请考虑在抛一枚正常的硬币时，得到任意一面的概率。熵可以通过如下公式计算：

$$H(x) = -\sum_{i=1}^{2} \frac{1}{2}\log_2 \frac{1}{2} = 1$$

但如果这枚硬币有严重的偏差，以至于我们绝大部分时候都会抛出正面，那么熵将是 $H(x)=0$。

这意味着数据中不存在随机性，或者说我们可以 100% 确定抛硬币的预期结果。在决策树中，我们想要创建确定了类标签的叶子节点；因此，我们需要使随机性最小化，并最大限度地降低划分之后的熵。我们选择的属性应该能够使熵最大程度地减少。

这一点被名为信息增益（information gain）的量所采集，后者衡量一个特征给我们提供了多少关于类的度量。因此，我们要选择能带来最高信息增益的属性。

对于包含连续数据的数据属性，我们可以使用基尼指数标准（Gini index criteria）。它是另一种度量不纯度（impurity）的方式。基尼指数的值越高，同质性就越高。CART （classification and regression tree，分类和回归树）使用基尼方法来创建二元划分。

在使用 Scikit-learn 训练基于决策树的分类或回归模型时，我们可以使用 criterion 超参数来选择划分标准。

7.3.2　Python 中的决策树

在下面的例子中，我们将使用完整的 iris 数据集，其中包含三个类别的总共 150 个鸢尾花样本的信息。

```
import pandas as pd
from sklearn import datasets
iris = datasets.load_iris()
iris_data = pd.DataFrame(iris['data'], columns=iris['feature_names']) iris_
data['target'] = iris['target']
iris_data['target'] = iris_data['target'].apply(lambda x:iris['target_ names']
[x])
print(iris_data.shape)
```

验证数据集的形状。它应该是：

```
(150, 5)
```

让我们把将要用于学习决策树的特征和相关的类标签分开：

```
X = iris_data[['sepal length (cm)', 'sepal width (cm)', 'petal length
(cm)','petal width (cm)']]
y = iris_data['target']
```

然后把数据分成训练和测试数据集。

```
from sklearn.model_selection i: port train_test_split
X_train, X_test, y_train, y_test = train_test_split (X,y,test_size=0.20,
random_state=0)
```

这将把数据分成 80% 的训练数据和 20% 的测试数据。也就是说，我们将根据由以上代码创建的大约 120 行数据（X_train 和 y_train）来创建决策树。之后，我们将预测大约 30 行测试数据（X_test）的结果，并将预测结果与实际的类标签（y_test）进行对比。在下面几行代码中，我们将初始化一个决策树分类器，它使用基尼作为划分标准，并建立最大深度（depth）为 4 的决策树。

```
from sklearn.tree import DecisionTreeClassifier
```

```
DT_model = DecisionTreeClassifier(criterion='gini', max_depth=10)
DT_model.fit(X_train, y_train)
```

为了获取测试数据集的预测结果，我们将使用以下方法：

```
y_pred = DT_model.pred(X_test)
```

y_pred 应该是一个包含每个测试数据样本的预测目标类别的数组。它应类似于以下内容，不过由于数据划分方式的随机性，结果可能有所不同。

```
array(['virginica', 'versicolor', 'setosa', 'virginica', 'setosa',
'virginica', 'setosa', 'versicolor', 'versicolor', 'versicolor',
'virginica', 'versicolor', 'versicolor', 'versicolor', 'versicolor',
'setosa', 'versicolor', 'versicolor', 'setosa', 'setosa', 'virginica',
'versicolor', 'setosa'], dtype=object)
```

我们可以通过比较预测的结果和实际的类别标签来评估决策树的性能。准确率比较的是 y_pred 与 y_test 的相同率。这应该输出一个从 0 到 1 的数字，1 代表 100% 准确的结果。

```
from sklearn.metrics import accuracy_score
print (accuracy_score(y_test, y_pred))
```

混淆矩阵显示实际标签和预测标签的交叉计数：

```
from sklearn.metrics import confusion_matrix
confusion_matrix(y_test, y_pred)
```

这将打印一个 3×3 的网格。第一行包含预测为每个潜在目标类的第一类测试数据集项的计数。如下所示的输出的第一行显示，有 7 个 Iris Setosa 样本被标记为 Iris Setosa，0 个被标记为 Iris Versicolor，0 个被标记为 Iris Virginica。

```
Out[14]:
array([[ 7, 0, 0],
       [ 0, 11, 0],
       [ 0, 0, 5]], dtype=int64)
```

我们将在下一章中深入讨论更多评估和调试方法。

决策树剪枝

决策树可以通过剪枝变得更加高效。剪枝意味着去除那些使特征具有低重要性的分支。我们可以指定预设的超参数来进行剪枝，比如限制决策树的深度，划分内部节点必须至少存在多少样本，以及每个叶子阶段至少应该包含多少样本等操作。

Scikit-learn 在 tree 包下为决策树提供了各种实现。我们将使用 DecisionTreeClassifier。tree 包里还包括 DecisionTreeRegressor 的实现和另外两个实现极端随机树（extremely randomized trees）分类器和回归器的类。

```
from sklearn.tree import DecisionTreeClassifier
```

解释决策树

决策树的一个特质是，它们非常易于理解、解释和可视化。只要您能看到决策条件是如何排布的，以及最终的标签是如何分配的，您就很容易理解数据的基本模式和已生成的模型。

Scikit-learn 提供了一个将决策树以 DOT 格式导出的选项。DOT 格式是一种广为流行的格式，用于存储和分享关于图形或决策树的结构和视觉属性的信息。我们可以将其与另一个名为 PyDotPlus 的库结合使用，这个库让我们可以根据 DOT 数据创建图形。我们也可以直接使用 DOT 工具来实现可视化或导出图形。

为了在 Jupyter Notebook 中直接查看决策树，我们还需要用到 Graphviz，它是一个开源的图形可视化软件。您可以下载并安装[1] 适合自己系统的发行版。为了提取决策树的信息，并将其转换成可以在 Jupyter Notebook 上显示的格式，您还需要安装 PyDotPlus 和 Python-Graphviz。

可以用以下方法安装所需软件和模块：

```
%pip install pydotplus
%pip install python-graphviz
```

创建了决策树之后，可以使用下面的代码块来导入所需的元素：

```
Import IPython
from sklearn.tree import export_graphviz
import pydotplus
import matplotlib.pyplot as plt
dot_data = export_graphviz(DT_model, feature_names= selected_cols)
graph = pydotplus.graph_from_dot_data(dot_data)
img = IPython.display.Image(graph.create_png())
```

在以上代码中，export_graphviz 首先提取了 DOT 格式的决策树的结构。通过定义明确的关键字和符号，DOT 格式[2] 使用简单且标准化的语法来表示图形和决策树。然后，

---

① https://graphviz.org/download/

② https://graphviz.org/doc/info/lang.html

PyDotPlus 读取 DOT 格式，并转换为 pydotplus.graphviz.dot 的对象，这个对象被用来创建了一个图像，并使用 IPython.display 显示除了如图 7-7 所示的结果。

```
IPython.display.display(image)
```

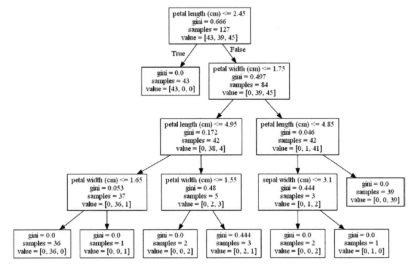

图 7-7　使用 Iris 数据集进行训练后生成的决策树

决策树的每个内部节点都显示了一个参数的条件，根据这个条件，我们可以遍历右边或左边的子树。叶子节点包含一个含有三个元素的值对象。这显示了属于各个类别的最终到达这个叶子节点的训练样本有多少个。举例来说，最左边的叶子节点包含 value = [0,36,0]，这意味着有 36 个训练样本属于 Iris Versicolor，而没有任何一个属于 Iris Setosa 或 Iris Virginica。因此，在预测过程中，如果任何样本最终出现在了这个叶子节点上，那么它将被预测为多数类，也就是 Versicolor。

决策树可以用于分类，也可以用于回归。如果想构建一颗回归决策树，可以使用 sklearn.tree.DecisionTreeRegressor，并将 y_train 准备为一个由连续值组成的数组（或系列），而不是类标签。

7.4　小结

在本章中，我们学习了线性回归、逻辑回归和决策树这几个回归和分类方法。它们是监督式学习的基本方法，可以用来创建一个预测系统。在后文中，我们将深入研究这些方法，并探索各种能够更彻底地评估这些模型方法以及调试这些模型以达到最佳效果的方法。

第8章

对监督式学习进行调试

正如我们在第7章中所看到的那样，有许多套监督式学习算法可以用来通过标注的训练数据建立预测系统模型，这些模型可以预测一个真实的数字（在回归中）或一个或多个离散类（在分类中）。每种方法都提供了一组特征，它们可以被修改或调整，以控制模型的功能，这可能会对由此实现的结果的质量产生重大影响。

在本章中，我们将研究为了获得最佳模型，应该如何设计、评估和调整机器学习实验。

8.1　训练和测试过程

机器学习实验分为两个主要阶段。模型首先在训练数据集上进行拟合。训练数据集包含训练元组，其中有一个输入向量和相应的输出。预测的数量通常称为"目标"。在这个阶段，我们首先会通过特征工程改善来自标记数据集的信号（在监督式学习的情况下），然后学习模型的参数。

在第二个主要阶段，模型用来预测另一个标记的数据集（它被称为测试数据集）的目标。它也包含由输入向量和输出组成的训练元组。然而，该数据集在训练过程中并未暴露给学习算法，即它对模型是"未见过（unseen）"的。这提供了一个对模型进行公正评估的方法。我们可以进一步修改流程或调整算法，以做出产生更优评价指标的预测。图 8-1 中的方框图说明了机器学习项目中的训练和测试过程是如何发生的。

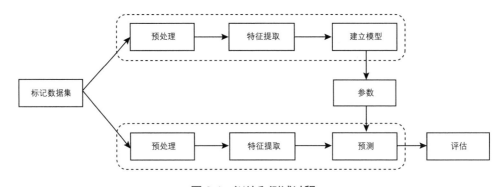

图 8-1　训练和测试过程

在某些情况下，我们会使用验证集（validation set），它是用来调整模型的。一旦得到足够可靠的结果，我们就会使用另一个测试数据集（也称为 holdout 数据集），它返回模型的最终评估指标。在其他的一些实验中，我们可能需要把所有标记数据集整合起来，用交叉验证的方式来得到评估指标。我们将在后面的章节中深入讨论这个问题。

8.2　性能的衡量标准

我们创建了机器学习模型并将其应用于数据流水线，以预测以前未见过的数据样本的结果。现在，我们需要确保模型是准确的。

衡量分类器模型所产生的结果的质量是一个重要的话题，您需要充分了解模型以及您的问题的所属领域。

8.2.1　混淆矩阵

混淆矩阵是一个简单的列连表（contingency table），用于可视化分类算法的性能，该算法可能将元素分为两个或更多类别。在表中，各行代表属于实际类别的项目，各列代表属于预测类别的项目。

假设有一个模型可以采集一个人的医疗诊断信息，并以此为基础预测此人是否患有病毒性疾病。假设我们有 100 个用于测试的标记行。需要注意的是，这些行没有被用来训练模型，只会用于评估。两行分别代表病毒检测呈阴性（negative）的人和阳性（positive）的人。两列分别代表被我们的分类模型预测为阴性或阳性的人。该模型的表格如表 8-1 所示。

表 8-1　混淆矩阵示例

		预测	
		阴性	阳性
实际	阴性	90（真阴性）	3（假阳性）
	阳性	2（假阴性）	5（真阳性）

一看这个表格就会发现，测试数据集中总共有 100 个项目。其中，有 7 人（2+5）实际上是病毒性疾病的阳性患者，93 人（90+3）为阴性。

然而，该模型将 92 人预测为阴性，其中包括两个实际上为阳性的人。被正确标记为阴性的样本被称为真阴性（true negatives，TN），而被错误标记为阴性的样本被称为假阴性（false negatives，FN）。同样地，模型将 8 个人预测为阳性，其中有 5 个是正确的，他们被表示真阳性（true positives，TP）。三个被错误地标记为阳性但实际上是阴性的数据项被称为假阳性（false positives，FP）。

真阳性和真阴性相当于模型的总体准确性。假阳性通常被称为第一类错误（type 1 error），而假阴性则被称为第二类错误（type 2 error）。尽管这两者之间通常有所轻重，但您需要更关心哪种错误取决于您要解决的是什么样的问题。

召回率

召回率（recall）是一个衡量标准，表明在所有实际为阳性的项目中，被正确识别的阳性测试数据项目的比率。它可以通过列连矩阵进行计算，如下所示：

$$Recall = \frac{True\ Positives}{True\ Positives + False\ Negatives}$$

在前面的例子中，召回率为 5/7=0.714。

8.2.2   精确率

精确率（Precision）是被正确预测的阳性点的数量与所有被预测为阳性的点的数量之比。它可以通过如下公式计算：

$$Precision = \frac{True\ Positives}{True\ Positives + False\ Positives}$$

在前面的例子中，精确率是 5/8，也就是 0.625。请注意，精确率和召回率没有单位。

精确率和召回率都应该尽可能的高。我们可以通过操纵模型的超参数来调整模型，以提升其召回率和精确率，后面的章节中将会讲解具体该怎么做。不过，我们在某些情况下会发现，在试图提高召回率时，精确率可能会相对下降。这意味着我们要尽可能多地采集阳性样本，尽管这样做会导致模型将更多阴性样本归为阳性。如果我们想要确保阳性预测样本的精确率维持在较高水平，那么可能需要以降低召回率作为代价。

8.2.3   准确率

准确率（accuracy）是一个简单的衡量标准，标识有多少项目被正确地归入两个类别。在这里，我们已经正确识别了 90 个负面样本和 5 个正面样本。因此，准确率是（90+5）/100，也可以写作 0.95 或 95%。

8.2.3   *F* 值

F 值（*F*-measure）或称 *F1* 分数（*F1*-Score），是通过取精确率和召回率的调和平均值得到的分数，它能够显示分类模型的整体情况。调和平均数和普通的算术平均数不同，它会更容易受到异常值的影响，并更多地向两个值中较低的那个移动。它的计算公式如下：

$$F - Measure = \frac{2 * Precision * Recall}{Precision + Recall}$$

在本例中，*F* 值可以计算为 2×0.714×0.625/(0.714+0.625)，也就是 0.667。

8.2.4　Python 中的性能指标

　　Scikit-learn 提供了三个评估模型质量的 API，分别是估计器得分的方法（estimator score method）、评分参数（scoring parameter）和指标函数（metric function）。估计器得分方法是 model.score() 方法，它可以为任何分类器、回归或聚类的每个对象所调用。它是在估计器的代码中实现的，不需要导入任何额外模块。对每个估计器来说，它的实现都有所不同。举例来说，对于预测，它返回决定系数 R2。对于逻辑回归或决策树，score() 则会返回给定测试数据和标签的平均精确度。

　　接下来，我们将探索 sklearn.metrics 下提供的指标函数。

　　对于本节中的代码，我们将假设您已经在前一章中为鸢尾花分类创建了分类器。一旦您导入了数据集并以正确的格式准备好了 X_train、y_train、X_test 和 y_test 对象，就可以初始化并拟合任何分类器了。我们将继续使用前一章的决策树模型，将数据分为三个鸢尾花类中的一个：

```
DT_model = DecisionTreeClassifier(criterion="entropy", max_depth=3)
DT_model.fit(X_train, y_train)
```

现在，导入 sklearn.metrics，以访问这个模块中的所有指标函数：

```
import sklearn.metrics
```

在已经训练好了模型的前提下，我们现在将为测试数据集找到预测的类标签：

```
y_pred = DT_model.pred(X_test)
print (y_pred)
```

这应该打印包含所有测试数据样本预测值的数组：

```
['versicolor' 'setosa' 'virginica' 'versicolor' 'virginica' 'setosa'
 'versicolor' 'virginica' 'versicolor' 'versicolor' 'virginica' 'setosa'
 'setosa' 'setosa' 'setosa' 'versicolor' 'virginica' 'versicolor'
 'versicolor' 'virginica' 'setosa' 'virginica' 'setosa' 'virginica'
 'virginica' 'virginica' 'virginica' 'virginica' 'setosa' 'setosa' 'setosa'
 'setosa' 'versicolor' 'setosa' 'setosa' 'virginica' 'versicolor' 'setosa']
```

通过以下代码打印混淆指标：

```
sklearn.metrics.confusion_matrix(y_test, y_pred)
```

这应该会打印出混淆指标。我们的数据包含三种鸢尾花的类别标签，所以有三行代表实际的类别标签，三列代表预测的类别样本：

```
array([[15,  0,  0],
       [0, 10,  1],
       [0,  0, 12]], dtype=int64)
```

从这个图表中可以看出，有 15 个样本属于第一类（Setosa），这些样本被正确地分类了。然而，属于第二类的有 11 个样本，其中的 10 个被正确分类，但有 1 个被归为了第三类。然后是 12 个全部正确归入第三类的样本。

　　sklearn.metrics 还包含关于精确度、召回率和 F 值的函数。所有这些函数都至少需要两个参数：实际的类标签和预测的类标签。如果有两个以上的类，那么您可以为平均数给出额外的函数参数，它可以包含以下值之一：

- binary（二分）：默认情况下，该函数只报告阳性标签的结果
- micro（微）：通过计算总的真阳性、假阴性和假阳性计算整体指标
- macro（宏）：计算每个标签的指标，并找出它们的未加权平均值。这并不会考虑标签的不平衡性
- weighted（加权）：计算每个标签的指标，并根据测试数据中每个标签的实例数和标签不平衡度的计算，找出它们的平均数

　　现在，我们可以从宏观层面上找到本节讨论的性能指标：

```
p = sklearn.metrics.precision_score(y_test, y_pred, average='micro')
r = sklearn.metrics.recall_score(y_test, y_pred, average='micro')
f = sklearn.metrics.f1_score(y_test, y_pred, average='micro')
a = sklearn.metrics.accuracy_score(y_test,y_pred)

print ("Here're the metrics for the trained model:")
print ("Precision:\t{}\nRecall:\t{}\nF-Score:\t{}\nAccuracy:\t{}".
format(p,r,f,a))
```

输出中汇总了提供 y_pred 的模型的指标：

```
Here're the metrics for the trained model:
Precision: 0.9736842105263158
Recall: 0.9736842105263158
F-Score: 0.9736842105263158
Accuracy: 0.9736842105263158
```

分类报告

　　分类报告在一个单一视图中给出了分类任务所需的大多数重要且常见的指标。它显示了各个类别的精确度、召回率和 f 分数以及 support，也就是属于该类别的实际测试样本的数量。

　　sklearn.metrics.classification_report() 返回一个格式化的字符串，其中包含测试数据中每个类的分数摘要。通过以下代码将它打印出来：

```
print (sklearn.metrics.classification_report(y_test, y_pred))
```

打印出的摘要如下所示：

```
                precision recall f1-score support
setosa            1.00       1.00    1.00       15
versicolor        1.00       0.91    0.95       11
virginica         0.92       1.00    0.96       12
accuracy                                0.97        38
macro avg         0.97       0.97    0.97        38
weighted avg      0.98       0.97    0.97        38
```

这份报告更加清晰地呈现了基于我们的模型进行预测所获得的结果的质量。

8.3 交叉验证

　　我们在前面的章节中看到，在处理监督式学习问题时，我们将标记的数据集分为两个部分：训练集和验证（或测试）集。与其依靠数据的一个静态部分来学习模型并使用另一个静态部分来进行验证，不如轮流使用训练和测试部分，以确定模型在独立数据集上的泛化程度。

　　在这个项目中，我们要为测试数据集预设一个比例，比如 25%。这意味着我们将数据集分为四部分，从而进行四折交叉验证（图 8-2）。

　　在交叉验证实验的第一次迭代中，我们将第一部分（或者说，第一折）的已标记数据视为测试数据，其余三部分为训练数据。我们学习模型，然后用它来预测本次迭代的测试数据的标签，利用预测的结果，我们可以计算出我们在前面几页中看到的准确率或其他度量指标。

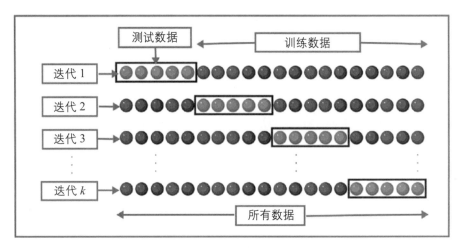

图 8-2   为 k 折交叉验证分配数据点

第一次迭代结束后，我们将第二部分（第二折）分配为测试数据，其余三部分作为训练数据来创建模型，然后就可以获得另一组指标。我们重复这个过程 k 次，其中，"k"是由此产生的折数。这个过程被称为 k 折交叉验证。

在 k 次迭代中，我们将得到 k 个指标，可以取这些指标的平均值，以找到一个更具普遍性的指标，用来调整超参数。

如果 k 折交叉验证的 k 被设置为与数据样本的数量相等，那么模型将在除 1 以外的所有数据点上进行训练，并只对数据点 1 进行预测。这被称为留一法交叉验证（leave-one-out cross validation）。由于其性质使然，它的计算成本非常高。

另一种变体是分层交叉验证（stratified cross validation）。它不是随机地创建 k 个折，而是通过分层抽样来划分数据。分层抽样在考虑到类标签的代表性的平衡的前提下，将数据划分为训练集和测试集，它在数据具有非平衡类标签的情况下更为实用。

8.3.1   为什么要进行交叉验证

如果我们根据静态的测试集来调整模型，那么就有可能在测试集上过度优化和过拟合，而这可能无法泛化到更多未见过的数据上。关于测试集的知识可能会间接地渗透到模型中，而评价指标的泛化性偏低。因此，数据的多次折叠提供了一个机会，让我们能够不只在一个静态集上调整结果。

8.3.2　使用 Python 进行交叉验证

对于交叉验证，我们不会像之前的例子那样随机创建训练 - 测试集的划分，而是处理特征和值。让我们通过加载数据来重新开始联系：

```
import pandas as pd
from sklearn import datasets
iris = datasets.load_iris()
X = pd.DataFrame(iris['data'], columns=iris['feature_names'])
y = iris['target']
```

完整的数据集目前存在于特征 x 和标签 y 中。

我们现在将使用五折交叉验证来创建多个划分：

```
from sklearn.model_selection import KFold
kf = KFold(n_splits=5)
kf.get_n_splits(X)
```

由此启动五折交叉验证，将产生五次迭代，每次迭代的训练集都大约包含 120 个元素，测试集包含 30 个元素。我们可以查看一下每次迭代中被选为训练和测试的元素的索引，如下所示：

```
for i, (train_index, test_index) in enumerate(kf.split(X)):
        print("Iteration "+str(i+1))
        print("Train Indices:", train_index, "\nTest Indices:", test_ index, "\n")
```

这将打印出在每个迭代中被选为训练数据集和测试数据集，为了简洁起见，我们只截取了一部分输出结果：

```
Iteration 1
Train Indices: [ 30 31 32 33 34 35 36 37 38 39 40 41 42 43
44 45 46 47 48 49 50 51 52 53 54 55 56 ....
... 136 137 138 139 140 141 142 143 144 145 146 147 148 149]
Test Indices: [ 0 1 2 3 4 5 6 7 8 9 10 11 12 13 14 15 16 17 18 19
20 21 22 23 24 25 26 27 28 29]
Iteration 2
Train Indices: [ 0 1 2 3 4 5 6 7 8 9 10 11 ...
```

在划分出来的每次迭代中（总共 5 次），k 折划分都将标明应该出现在训练或测试数据集中的元素的索引。

我们可以使用各个迭代中的数据点来拟合模型：

```
score_history = []
for train, test in kf.split(X, y):
    clf = DecisionTreeClassifier()
    clf.fit(X.values[train,:], y[train])
    score_history.append(clf.score(X.values[test,:], y_pred))
```

另外，我们也可以使用 sklearn.model_selection 中的 cross_val_score，让 Scikit-learn 自动迭代创建多个模型，并展示准确率指标。我们将在接下来的例子中看到具体操作。

8.4　ROC 曲线

各种分类算法可以被配置为根据数据项属于某个类别的概率的预设阈值来生成一个类别标签。以下图为例，我们可以看到，根据阈值的不同，分类器的预测可以有相当大的差异。这会间接影响到精确率和召回率，以及灵敏度（sensitivity）和特异度（specificity）。

灵敏度或称召回率，正如我们在上一节看到的，是真阳性和总阳性数据项的比率。它也称为"真阳性率"。特异度指的是真阴性和所有实际为阴性的数据项的比率。通常情况下，这两者之间必须有所取舍。

在下面的实验中，我们将训练一个逻辑回归模型，并根据模型不同阈值的分类输出，来得出真阳性率和假阳性率。我们将使用 Scikit-learn 的内置功能，为此类实验生成合成数据集：

```
from sklearn.datasets import make_moons
X1, Y1 = make_moons(n_samples=1000, shuffle=True, noise=0.1)
```

我们来查看一下用 matplotlib 生成的数据集。其结果应该与图 8-3 相似：

```
import matplotlib.pyplot as plt
plt.figure(figsize=(8, 8))
plt.scatter(X1[:, 0], X1[:, 1], marker='o', c=Y1, s=25, edgecolor='k') plt.
show()
```

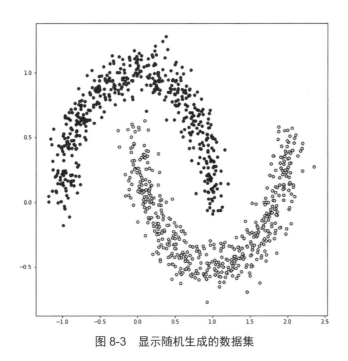

图 8-3　显示随机生成的数据集

如果要生成复杂度更低的数据集，可以使用以下代码：

```
from sklearn.datasets import make_classification
X1, y1 = make_classification(n_classes=2, n_features=2, n_redundant=0,  n_
informative=1, n_clusters_per_class=1)
```

我们将训练一个逻辑回归模型：

```
from sklearn.linear_model import LogisticRegression
from sklearn.model_selection import train_test_split
X_train,X_test,y_train,y_test = train_test_split(X1,y1,test_
size=0.2,random_state=42)
logreg = LogisticRegression()
logreg.fit(X_train,y_train)
```

可以调用 predict_proba() 方法来代替 predict() 方法，它能够产生属于第二类的各个点
（类标签 =1）：

```
logreg.predict_proba(X_test)
```

这将给我们一个形状为（20，2）的数组。测试样本有 20 个，其中每一类的概率分别在两列中给出。我们将取其中一列的概率并操纵阈值（threshold），监测它对 TPR 和 FPR 的影响：

```
y_pred_proba = logreg.predict_proba(X_test)[:,1]
from sklearn.metrics import roc_curve
[fpr, tpr, thr] = roc_curve(y_test, y_pred_proba)
```

从最后一条语句返回的对象可以用来分析设置不同阈值的效果。曲线可以在多个阈值之间进行追踪。在此之前，我们要先介绍一个指标，它获取假阳性率和真阳性率，并根据它们计算由此产生的曲线下面积：

```
from sklearn.metrics import auc
auc (fpr, tpr)
>> 0.8728442728442728
```

我们来绘制图表：

```
plt.figure()
plt.plot(fpr, tpr, color='coral', label = 'ROC Curve with Area Under Curve =
'+str(auc (fpr, tpr)))
plt.xlabel('False positive Rate (1 - specificity)')
plt.ylabel('True Positive Rate ')
plt.legend(loc='lower right')
plt.show()
```

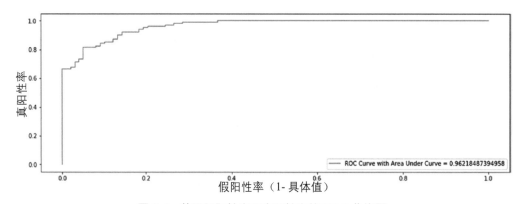

图 8-4　基于假阳性率和真阳性率的 ROC 曲线图

图 8-4 显示了预测质量的实际特点。曲线下面积应尽可能的大。ROC 曲线提供了一种更加标准化的方式来比较多个模型，而不考虑阈值可能对最终结果造成的影响。

8.5　过拟合和正则化

我们可以对模型进行微调，以更好地拟合训练数据。在这个过程中，我们会时常调整算法的几个属性，这些属性可能直接控制着模型的复杂性。让我们试着玩转线性回归，用一个更复杂的模型来更精确地拟合上一章的训练数据点。我们将创建一组新的特征，对自变量进行简单的算术转换，并以它们为基础来拟合线性回归。这种方法称为多项式回归（polynomial regression）。

 提示

在多项式回归中，我们仍然会使用线性回归方法来拟合一条线。然而，这将在把自变量扩展为多项式特征之后再进行。

在下面的代码块中，我们将继续使用前一章中的学生成绩 - 工资数据集。我们将对特征进行扩展：

```
import numpy as np
import pandas as pd
from sklearn.linear_model import LinearRegression
from sklearn.preprocessing import PolynomialFeatures
data = pd.DataFrame({"marks":[34,51,64,88,95,99], "salary":[3400, 2900, 4250,
5000, 5100, 5600]})
X = data[['marks']].values
y = data['salary'].values
poly = PolynomialFeatures(3)
X1 = poly.fit_transform(X)
```

现在，我们有一个形状为（6，4）的新数组 X1，它是根据 X0、X1、X2 和 X3 创建的。它看起来应该是下面这样的：

```
array([[1.00000e+00, 3.40000e+01, 1.15600e+03, 3.93040e+04],
       [1.00000e+00, 5.10000e+01, 2.60100e+03, 1.32651e+05],
       [1.00000e+00, 6.40000e+01, 4.09600e+03, 2.62144e+05],
       [1.00000e+00, 8.80000e+01, 7.74400e+03, 6.81472e+05],
       [1.00000e+00, 9.50000e+01, 9.02500e+03, 8.57375e+05],
       [1.00000e+00, 9.90000e+01, 9.80100e+03, 9.70299e+05]])
```

我们将按照之前的方式使用 LinearRegression()。不过，为了找到一条（或多条）回归线，我们将准备一个包含从数据集中的最小分数到最大分数的数组，将其转换为相同的多项式特征，并预测其数值。这一次，我们将学习四个参数，而不仅仅是两个。我们通过这种方式创建的图表将显示回归线。

```python
reg = LinearRegression()
reg.fit(X1, y)

X_seq = np.linspace(X.min(),X.max(),100).reshape(-1,1)
X_seq_1 = poly.fit_transform(X_seq)
y_seq = reg.predict(X_seq_1)

import matplotlib.pyplot as plt
plt.figure()
plt.scatter(X,y)
plt.plot(X_seq, y_seq,color="black")
plt.show()
```

这将打印出如图 8-5 所示的图表，其中显示了范围内每个可能点的预测值。

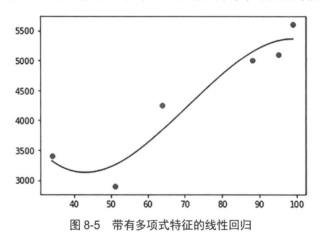

图 8-5　带有多项式特征的线性回归

可以看到，我们能够增加复杂度，让预测结果更加贴合训练数据，从而减少整体误差，提高准确率。这看起来很有希望，但也可能是具有误导性的。

请记住，在解决任何机器学习问题时，必须从一组假设中选择一个函数来拟合训练数据。通常情况下，与系统实际部署后可能需要预测的数据相比，训练数据的规模是非常小的。我们的效率、准确率以及衡量准确度的标准都受限于我们能够生成、收集或注释的已标记数据的质量和数量。在前面的回归例子中，我们尝试拟合了一个三阶多项式曲线，以便根据实际的因变量值来最小化残差。虽然数据中存在一个总体的上升趋势，但该模型可能是具有误导性的。

下面的修改允许我们找到并绘制范围为 0 到 100 分——而不是训练数据中的最小值和最大值——的预测值：

```
X_seq = np.linspace(0,100,100).reshape(-1,1)
X_seq_2 = poly.fit_transform(X_seq)
y_seq = reg.predict(X_seq_2)

plt.figure()
plt.scatter(X,y)

plt.plot(X_seq, y_seq,color="black")
plt.show()
```

由此生成的曲线如图 8-6 所示：

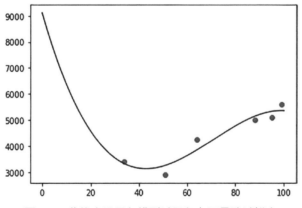

图 8-6　曲线由于回归模型过于复杂而导致过拟合

在图 8-6 中，我们尝试提升了模型的复杂性，以使其更好地采集训练数据；然而，这导致了真实数据中没有的意外错误。可以看到，由于最左边的点，模型对小于这一分数的预测显示的是较低的分数有较高的工资。这里的问题在于，我们使模型变得太过复杂，导致它过于紧密地匹配训练数据。这就是所谓的过拟合（overfitting）。

与这种情况相反的是当一个模型没有充分地学习训练数据的情况。假设我们有一个自变量，我们要学习两个参数：Y 截距和回归线的斜率。在前面的例子中，我们增加了参数的数量，以更好地与回归线相匹配。

如果反过来减少参数的数量，比如减少一个参数，那么就可以大大降低模型的复杂性，我们从训练数据中采集的细节将会变少。在我们的例子中，只有一个参数的模型将根据训练数据返回平均工资，因此，一条与 x 轴平行的水平线将代表着预测结果，如图 8-7 所示。也就是说，无论学生的成绩如何，模型都会预测相同的工资。这就是所谓的欠拟合（underfitting）。

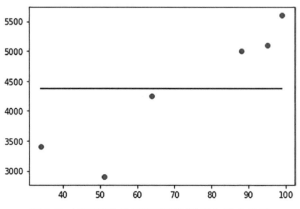

图 8-7   过于简单的回归模型导致的欠拟合曲线

8.5.1   偏差和方差

偏差和方差（bias and variance）是模型过于简单或过于复杂时产生的模型属性。一般来说，偏差代表一个模型的预测与实际值相比有多大的差距。如果一个模型具有高偏差，那么就意味着该模型过于简单，它所学到的假设过于基础。由于这个原因，该模型并不能正确采集数据中的所需模式。因此，该模型在训练和预测时都有很大的误差（error）。

方差代表了模型对数据波动的敏感程度。假设我们有一个数据点，它代表一个成绩为 35 分和工资为 6000 美元的学生，而另一个数据点代表一个成绩为 34 分，工资为 2000 美元的学生，而系统正试图根据这两个数据学习差异；这可能会导致预测生成方式的巨大差异。当方差很高时，模型将采集数据集的所有特征，包括噪音和随机性。因此，它会过度调整。而当遇到未见过的数据时，它可能会产生意想不到的糟糕结果。这样的模型虽然产生的训练误差很低，但测试时的误差却是相当高。

我们需要在偏差和方差之间找到平衡，以使建立的模型不仅对数据中的模式敏感，也能够泛化到未见过的新数据。图 8-8 展示了与模型复杂性相关的误差趋势。

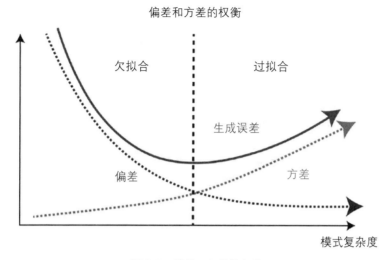

图 8-8　偏差 - 方差的权衡

8.5.2　正则化

除了明确限制要学习的参数的数量以外，另一种方法是控制成本函数，惩罚模型的过度复杂性，以找到正确的参数。假设，一个算法的成本函数是由 $J(w)$ 给出的，其中 w 代表参数的权重；新的成本函数是由以下算式给出的：

$$J(w) = J_D(w) + \lambda J(w)$$

其中，第一部分是残差平方的总和，正如我们在上一节中看到过的那样；另外一部分是所有权重之和的 λ 倍。λ 是一个超参数，用于控制我们要应用多少正则化强度（regularization strength）。由于成本函数中的附加部分，任何实例中的参数权重都会直接影响到成本，而算法则试图将其降至最低。因此，如果任何一个权重过高，都会导致成本增加，算法就会试图远离这些权重。

最终，我们到达了一个中间地带。在这里，模型足够复杂，能够捕捉到训练数据结构的本质，同时对过度复杂进行惩罚，从而避免从极端异常值和噪音中学习。

L1 和 L2 正则化

正则化是一种不鼓励学习更复杂或更灵活的模型的技术，其目的是通过操纵成本函数来避免学习权重过高，来避免过拟合的风险。L2 正则化是一个多项式时间（poly-time）的闭合解（closed-form solution），它根据模型权重的平方之和对模型进行惩罚。它有助于减少过拟合，但不会产生一个稀疏解（sparse solution）。岭回归（Ridge Regression）中应用了 L2 惩罚项，它将成本函数如下修改为：

$$J(w) = \sum_{i=1}^{n} \left(y_i - w^T x_i\right)^2 + \lambda \sum_{j=0}^{m} w_j^2$$

这种方法产生的系数估计值也称为 L2 准则。Lasso 回归中应用了 L1 惩罚项。它使用的是权重的绝对值（而不是 L2 惩罚项中的平方）。因此，成本函数变成了下面这样：

$$J(w) = \sum_{i=1}^{n} \left(y_i - w^T x_i\right)^2 + \lambda \sum_{j=0}^{m} |w|$$

在许多实验中，我们会看到，对于逻辑回归和线性回归，L1 正则化会导致很多模型权重收敛（converging）到 0。这意味着具有正则化的模型已经明白，为了获得不过拟合的解决方案，一些特征的影响能被视作是可忽略的。

让我们做一个简单的实验，找出这两种方法对参数的影响。

```python
import numpy as np
import pandas as pd
from sklearn.linear_model import LinearRegression, Lasso, Ridge
from sklearn.preprocessing import PolynomialFeatures
import matplotlib.pyplot as plt

data = pd.DataFrame({"marks":[34,51,64,88,95,99], "sary":[3400, 2900, 4250,
5000, 5100, 5600]})

# data.bill
X = data[['marks']].value
y = data['s salary'].values

fig, axs = plt.subplots(1,3, figsize=(15,5))
methods = ['Polynomial Regression', 'Lasso Regression alpha=1', 'Ridge
Regression alpha=1']

for i in [0,1,2]:
    poly = PolynomialFeatures(3)
    X1 = poly.fit_transform(X)
    if i==0:
```

```
        reg = LinearRegression()
        reg.fit(X1, y)
    if i==1:
        reg = Lasso(alpha=1)
        reg.fit(X1, y)
    if i==2:
        reg = Ridge(alpha=1)
        reg.fit(X1, y)
    X_seq = np.linspace(0,X.max(),100).reshape(-1,1)
    X_seq_1 = poly.fit_transform(X_seq)
    y_seq = reg.predict(X_seq_1)

    axs[i].scatter(X,y)
    axs[i].plot(X_seq, y_seq,color="black")
    axs[i].set_title(methods[i])
plt.show()
```

在前面的代码示例中，我们重新尝试了根据学生的成绩来预测他们的工资的问题。在这里，我们首先将唯一的自变量（分数）转换成多项式特征，然后在此基础上训练了三个模型。第一个是无正则化的回归，第二个是 Lasso 回归，第三个是岭回归。通过它们生成的回归线，可以看出这两种技术的效果，如图 8-9 所示。

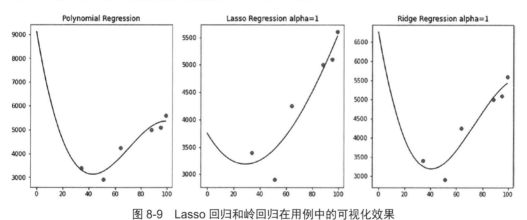

图 8-9　Lasso 回归和岭回归在用例中的可视化效果

通过上图，我们可以看到正则化大大减少了模型中的方差，同时并没有大幅增加偏差。为了确保我们不会丢失数据中的任何重要模式，通过试验正则化强度 λ 的值来对算法进行调整是至关重要的。

8.6   超参数调优

在处理机器学习问题时，必须设计和选择正确的特征，挑选算法，并根据影响着所选算法的超参数来对其进行调整。

提示

超参数和参数这两个词不可以互换。参数是一个模型在学习阶段所学习的权重。超参数是外部控制的元素，影响着模型的学习方式和内容。

您可能经常面临如下选择：

- *K* 近邻算法中的 "*K*"。
- 岭回归和 Lasso 回归中的正则化强度
- 决策树的最大深度
- 梯度下降法（gradient descent）的学习率

8.6.1   超参数的影响

我们来做一个简单的实验，探索一下根据可调整的逻辑回归的超参数，我们能够多么紧密地用前两列来拟合一个合成数据集。

让我们用 Scikit-learn 的分类生成器功能来创建一个数据集：

```
from sklearn.datasets import make_classification
X, y = make_classification(n_samples=400, n_features=2, n_informative=2, n_
redundant=0)
```

我们需要创建单独的训练数据集和测试数据集来分析准确性：

```
X_train, X_test, y_train, y_test = train_test_split(X,y, test_size=0.3)
```

现在，使用带有多项式特征的逻辑回归。我们将反复尝试不同的多项式次数，看看它对准确性有何影响。输出结果如图 9-1 所示。

```
accuracy_history = []
for i in range(1,15):
    poly = PolynomialFeatures(i)
```

```
X1 = poly.fit_transform(X_train)
reg = LogisticRegression(max_iter=100)
reg.fit(X1, y_train)
X1_test = poly.transform(X_test)
y_pred = reg.predict(X1_test)
accuracy_history.append(accuracy_score(y_test, y_pred))
```

让我们把准确率绘制成图表：

```
import matplotlib.pyplot as plt
plt.plot(accuracy_history)
```

通过图 8-10，我们可以看到准确率在 5 到 7 之间上升，之后又下降了。基于这种只包含多项式次数这一个超参数的分析，我们找到了能产生最佳准确率的超参数值。在大多数实际情况中，您最好选择交叉验证，而不是使用专门的训练和测试数据集。

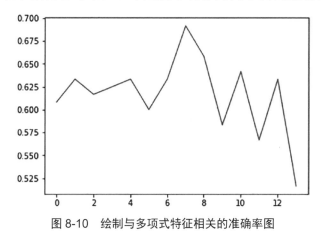

图 8-10　绘制与多项式特征相关的准确率图

如果我们有多个超参数的话，必须对每个超参数的多个可能值进行模型评估。让我们来看看创建决策树分类器的情况。以下是可以调整的一些超参数：

- criterion：要么基于基尼系数，要么基于熵。
- max_depth：树的最大深度。
- min_samples_split：拆分一个节点所需的最小样本数。它可以是一个代表数字的整数，也可以是一个代表总样本数的一部分的浮点数。
- min_samples_leaf：在右叶和左叶中都应该存在的最小样本数。

我们在第 7 章中讨论了决策树是如何运作的。可以看出，这些决定会影响最终结果的质量。例如，我们有以下几种可能：

- criterion：基尼系数、熵（两个可能的值）
- max_depth：无、5、10、20（四个可能的值）
- min_samples_split：4、8、16（三个可能的值）
- min_samples_leaf：1、2、4（三个可能的值）

综合考虑了所有选项之后，我们决定建立 2×4×3×3=72 棵决策树，并从中选择出一个能提供最佳指标的决策树。虽然我们可以利用多个循环来进行选择，但是 Scikit-learn 提供了现成的实现方式，能够穷尽所有可能性（网格搜索）和测试随机可能性（随机搜索）。

网格搜索

网格搜索（grid search）或称参数扫描（parameter sweep），是对指定的超参数空间子集进行穷举式搜索的过程。对于前面给出的例子，72 个超参数组合中的一部分将是这样的：

1. {criterion:gini, max_depth:None, min_samples_split:4, min_ samples_leaf:1}
2. {criterion:gini, max_depth:None, min_samples_split:4, min_ samples_leaf:2}
3. {criterion:gini, max_depth:None, min_samples_split:4, min_ samples_leaf:4}
4. {criterion:gini, max_depth:None, min_samples_split:8, min_ samples_leaf:1}
5. {criterion:gini, max_depth:None, min_samples_split:8, min_ samples_leaf:2}

将 DecisionTreeClassifier 初始化为基础分类器，并准备一份可能的参数值的列表：

```
from sklearn.tree import DecisionTreeClassifier
from sklearn.model_selection import GridSearchCV

param_grid= {"criteria":["gini", "entropy"], "max_depth":[None,5,10,20], "min_
samples_split":[4,8,16], "min_samples_leaf":[1,2,4]}
base_estimator = DecisionTreeClassifier()
grid_search_cv = GridSearchCV(base_estimator, param_grid, verbose=1, cv=3)
```

下面准备另一个合成数据集。以下代码所准备的点将能被可视化为两个半圆形：

```
from sklearn.datasets import make_moons
from sklearn.model_selection import train_test_split
dataset= make_moons(n_samples=10000, shuffle=True, noise=0.4)
X_train,X_test,y_train,y_test =  train_test_split(dataset[0],dataset[1],te st_
size=0.2,random_state=42)
```

我们将使用 grid_search_cv 的 fit() 方法来准备 72 个模型并收集它们的结果，而不是自己用可能的值来准备循环。我们已经用参数网格和三折交叉验证初始化了一个GridSearchCV 对象。我们还标记了 verbose=1，这将使 fit() 方法打印出进程细节。

```
grid_search_cv.fit(X_train, y_train)
```

打印出的结果如下：

```
Fitting 3 folds for each of 72 candidates, totalling 216 fits
```

这证实了我们在内部准备了 72 个模型，结合三折搜索，总共生成了 216 个单独的决策树。所有的细节都在 grid_search_cv.cv_results_ 对象中被返回。通过以下方式可以查看所有能够提取的信息：

```
grid_search_cv.cv_results_.keys()
```

返回的结果如下：

```
dict_keys(['mean_fit_time', 'std_fit_time', 'mean_score_time', 'std_score_
time', 'param_criterion', 'param_max_depth', 'param_min_samples_leaf',
'param_min_samples_split', 'params', 'split0_test_score', 'split1_test_ score',
'split2_test_score', 'mean_test_score', 'std_test_score', 'rank_ test_score'])
```

为了更易于解释，可以直接用 grid_ search_cv.best_score_ 找到最佳准确率，它是与最佳估计器相关的分数，可以通过以下方法返回：

```
grid_search_cv.best_estimator_
```

返回的结果如下：

```
DecisionTreeClassifier(criterion='entropy', max_depth=5, min_samples_ leaf=4,
min_samples_split=4)
```

可以通过以下方法获取所有额外参数：

```
grid_search_cv.best_estimator_.get_params()
```

随机搜索

随机搜索（random search）不是穷举式搜索参数空间中的所有组合，而是随机选择可能的组合并相应地选择最佳模型。我们可以提供一个分布而不是离散值来定义搜索空间。

可以像下面这样初始化参数网格：

```
from scipy.stats import randint
from sklearn.model_selection import RandomizedSearchCV
from sklearn.tree import DecisionTreeClassifier
base_estimator = DecisionTreeClassifier()
param_grid= {"criteria":["gini", "entropy"], "max_depth":randint (1, 20),
"min_samples_split": [1,2,4]}
random_search_cv = RandomizedSearchCV(imposator = base_estimator, param_
distributions = param_grid, n_iter = 100, cv = 5, verbose=2)
random_search_cv.fit(X_train, y_train)
```

在这段代码中，我们初始化了 parameter_grid 以挑选两个标准之一，并随机生成了 max_depth 以及 min_samples_split 的三个选项中的一个。对于实值，您也可以将 scipy.stats.norm 用作相关 param_grid 键的值。

这里的一个不同之处在于，您必须指定 n_iter 值，该值提到了根据我们定义的超参数值的随机组合创建的单个估计器的数量。

在实践中，使用网格搜索时生成的估计器的数量将随着超参数数量的增加而扩大搜索空间，这可能会导致一些不切实际的情况。尽管如此，由于网格搜索的穷举性质，它将能够找到最佳的参数集。

在这种情况下，可以尝试随机搜索，这将帮助您缩小搜索空间。然后您可以用有限的超参数和可能的值进行彻底的网格搜索，找到最佳模型。

8.7   小结

本章讲解了在机器学习实验中评估和调整模型的要点。在下一章，我们将研究更多监督学习方法。

第 9 章
再谈监督学习方法

　　我们已经探讨了几种回归和分类算法，并找到了有效验证模型性能和调整它们的方法。接下来，我们将通过一些更流行的算法来扩展我们的工具和技术库，这些算法在过去已被证明是解决各种机器学习问题的顶尖技术。我们将对分类算法的决策边界及其变化进行可视化，以更切实地了解其机制和结果。

9.1   朴素贝叶斯

朴素贝叶斯（Naive Bayes）是一类贝叶斯分类器，旨在预测一个给定数据点属于某个特定类别的概率。这类方法建立在贝叶斯定理的基础之上，而贝叶斯定理是概率的基本定理之一。

朴素贝叶斯分类器有一个一般性假设 [1]，即一个属性值对一个特定类别的影响与其他属性值无关。这个假设称为"类条件独立"（class-conditional independence.）。它简化了相关的计算，因此可以认为是朴素的。

9.1.1   贝叶斯定理

贝叶斯定理（Bayes theorem）是一个计算条件概率的公式，其名称来自于 18 世纪的神职人员托马斯·贝叶斯。该定理根据对可能与该事件有关的条件的先验知识来计算一个事件的概率。它的公式如下：

$$P(A|B) = \frac{P(B|A)P(A)}{P(B)}$$

这样使提供了在事件 B 已经发生的情况下 A 发生的概率。让我们来思考这样一个预测的例子：

假设您正在开发一个可以捕捉到雷达光点的探测系统。事件 A 代表一个敌人出现在这个空间里。事件 B 代表雷达上的一个光点。

记住，雷达上有光点并不总是意味着有敌人存在。也有可能会发生敌人身处这个区域，而雷达上却没有出现光点的情况。所以，前面给出的公式将帮助我们找到在雷达中出现光点的情况下敌人身处该区域的概率。

为了计算这个概率，我们需要收集大量既往数据。既往数据可以直接为我们提供敌人身处该空间的概率、*P(A)* 以及在雷达上看到一个光点的概率 *P(B)*。这些概率分别被称为先验概率（prior probability）和边际概率（marginal probability）。

在我们事先知道有敌人在该地区的情况下，对既往事件的透彻分析也能帮助我们找到在雷达上看到光点的可能性，或者说，概率。这种可能性可以通过"*P(B|A)*"进行计算，在我们的机器学习实验中，它将通过训练数据被提取出来。

---

[1]   Han, Jiawei, et al. *Data Mining: Concepts and Techniques*, 3rd ed. Morgan Kaufmann Publishers, 2012.

9.1.2　条件概率

条件概率（conditional probability）是贝叶斯定理所给出的公式的主要组成部分。条件概率是在一个事件（通过假设、推测、主张或证据）已经发生的情况下，对另一事件的概率的衡量。它是根据 A 和 B 的联合概率计算出来的。

$$P(A|B) = \frac{P(A \cap B)}{P(B)}$$

这里的 $P(A \cap B)$ 是 A 和 B 都发生的概率。

如果我们修改 $P(B|A)$ 的公式，并试图匹配 $P(A \cap B)$ 的换位项，我们最终会得到贝叶斯定理的公式。

9.1.3　朴素贝叶斯的运作方式

简单来说，在训练阶段，朴素贝叶斯试图计算出给定类标签的先验概率。然后，它计算各个类别的各个属性的似然概率（likelihood probability）。正如我们在上一节看到的那样，这些信息被用来通过贝叶斯公式计算后验概率（posterior probability）。我们计算属于各个类别的数据项的后验概率，并选择概率最高的类别标签。

在许多现实情况中，我们都会假设数据遵循高斯分布，因此，在给定类标签 c 的情况下，一个项目的概率可以如下定义：

$$P(X|Y=c) = \frac{1}{\sqrt{2\pi\sigma_c^2}} e^{\frac{-(c-\mu_c)^2}{2\sigma_c^2}}$$

其中 μ 和 σ 分别是给定类别 c 的连续数据点属性的平均数和方差。这尤其适用于有连续数据的情况。如果数据不遵循正态分布，那么或许可以先对其进行转换。

其中一个类有可能没有训练样本，这可能会导致 $P(X|Y=c)$ 在某些情况下为 0。把这个值插入贝叶斯方程会导致概率为 0，这在某些情况下是具有误导性的。它也消除了参与最终计算的其他概率的影响。这个问题可以通过在计算概率之前在每个计数上加 1 来解决。对于较大的数据集来说，这样做所增加的误差可以忽略不计，但所带来的正面影响确实巨大的。这就是所谓的"拉普拉斯修正"（Laplacian correction）。

9.1.4 多项朴素贝叶斯

在某些情况下，由于存在离散计数而不是连续数据，我们会假设数据遵循多项分布，而不是高斯分布。比如，当有 k 个可能的互斥结果时，我们研究结果 i 在 n 次试验中出现的次数，在这种情况下，$X=(X1, X2, ...Xk)$ 遵循多项分布，概率 $p=(p1, p2, ...pk)$ 表示每个可能结果的概率。概率参数的计算公式将变为：

$$\theta_{yi} = \frac{N_{yi} + \alpha}{N_y + \alpha n},$$

其中，N_{yi} 是训练数据中 y 类样本中的一个特征 "I" 出现的次数，Ny 是 y 类所有特征的总计数。多项朴素贝叶斯已被证明非常适合用来分类短文，比如对社交媒体（如推特）上的短文本进行情感分析的时候。

9.1.5 Python 中的朴素贝叶斯

在下面的例子中，我们将从可用的数据集中加载 Iris 数据集。因为 Iris 数据集包含连续变量，我们将假设高斯分布并训练一个高斯朴素贝叶斯模型。

```
from sklearn import datasets
import matplotlib.pyplot as plt
iris = datasets.load_iris()
X = iris.data[:, :] #we can select individual features
y = iris.target
```

请记住，朴素贝叶斯本质上捕捉的是与多个类有关的概率。所以与其他的一些方法不同，这里不需要一对多法（One-vs-Rest）这样的技术。我们将不会把数据集分成训练集和测试集，同时保留 25% 的数据用于测试。

```
from sklearn.model_selection import train_test_split
X_train, X_test, y_train, y_test = train_test_split(X, y, test_size = 0.25,
random_state = 0)
```

现在我们将从 sklearn 中导入高斯朴素贝叶斯，并拟合它以获取参数和概率。

```
from sklearn.naive_bayes import GaussianNB
clf = GaussianNB()
clf.fit(X_train, y_train)
```

可以通过以下代码来探索所学习的参数：

```
clf.class_prior_  # prior probabilities for the three classes
clf.sigma_ # variance of each feature, with respect to each class
clf.theta_ # mean of each feature, with respect to each class
```

正如我们在上一节所讨论的那样，如果我们知道每个特征的先验概率和均值及方差，那么就可以用它来计算条件概率 $P(X|Y=c)$，而这又可以通过贝叶斯定理来预测 $P(Y=c|X)$。预测方法遵循着同样的惯例：

```
y_pred = clf.predict(X_test)
from sklearn.metrics import confusion_matrix
cm = confusion_matrix(y_test, y_pred)
array([[13, 0, 0],
       [ 0, 16, 0],
       [ 0, 0, 9]], dtype=int64)
```

这个数据集简单且比较小，分类器已经学会正确的分布并可以正确预测未见过的数据了。为了能够更好地理解这个模型，我们可以将决策边界可视化。在下一段代码中，我们将只用数据中的前两列来重新训练分类器，这样就可以在两个维度上可视化决策边界了。

```
from matplotlib.colors import ListedColormap
import numpy as np
clf = GaussianNB()
clf.fit(X_train[:,:2], y_train)
```

在这里，我们只用 X_train 的前两列来训练一个新的模型。这将使我们更清楚地看到分类器正在学习什么。

```
x_set, y_set = X_train[:,:2], y_train
X1, X2 = np.meshgrid(np.range(start = x_set[:, 0].min() - 1, stop =
x_set[:, 0].max() + 1, step = 0.01）, np.arange(start = x_set[:, 1].min() - 1,
stop =  x_set[:, 1].max() + 1, step = 0.01))
plt.contourf(X1, X2, clf.predict(np.array([X1.ravel(), X2.ravel()]).T.
reshape(X1.shape),alpha = 0.75, cmap = ListedColormap(('purple', 'green','yellow')))
plt.xlim(X1.min(), X1.max())
plt.ylim(X2.min(), X2.max())
for i, j in enumerate(np.unique(y_set)):
    plt.scatter(x_set[y_set == j, 0], x_set[y_set == j, 1],
                color = ListedColormap(('purple', 'green', 'yellow'))(i), label = j)
plt.legend()
```

```
plt.show()
```

图 9-1 显示了通过之前讲解的代码而绘制的决策边界。虽然我们是在前两个维度上显示数据，但后两个类之间的重叠看起来比实际情况更为突出。不过，这种可视化显示了贝叶斯方法在学习决策边界方面的灵活性和稳健性。

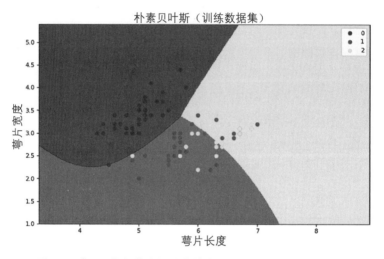

图 9-1   在 Iris 数据集上训练的朴素贝叶斯分类器的决策边界

9.2   支持向量机

支持向量机（support vector machine，SVM）是一种高效且实用的方法，在各种情况下都被证明是最为先进的。它往往被用于线性和非线性数据的分类。

与试图找到使两类之间的误差最小化的决策边界的其他分类方法不同，支持向量机想要找到的是使两类之间的边际最大化的决策边界，这称为"最大边际超平面"（maximum marginal hyperplane）。由于这个原因，支持向量分类器也被称为最大边际分类器。

在图 9-2 中，可以看到两个类之间有多种可能的决策边界。然而，支持向量机试图找到的是使两类的分离程度最大化的边界。

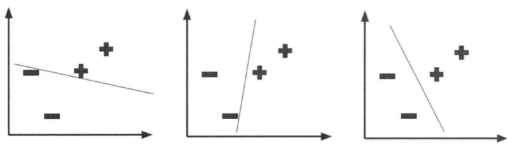

图 9-2　两类之间可能的决策边界

决策边界周围的间距（margin）取决于产生最大间隔宽度的点，因此，它取决于最接近的训练数据点之间的差异。这些点称为"支持向量"（support vector），该方法的名称正是由此得来的。训练数据集中的其他点对模型没有贡献。在学习过程中，我们的目标是最大限度地提高间隔宽度，最小化边际误差，也就是位于边际错误一侧的点。

9.2.1　SVM 的运作方式

分割数据点的超平面和与超平面平行的两侧之间的边距是相等的。在二维空间中，超平面是一条将数据分为正类和负类的直线。图 9-3 显示了与超平面平行且等距的直线两侧的边际。

超平面可以如下写为：

$$W \cdot X + b = 0$$

这里的 W 是权重向量，b 是偏差（缩放器）。在二维空间中，A 点（x_1, x_2）可以被认为是出于超平面上。我们可以将方程如下改写为：

$$w_1 x_1 + w_2 x_2 + b = 0$$

或者，变差 b 可以被表示为一个额外的权重 w_0，以简化实现：

$$w_0 + w_1 x_1 + w_2 x_2 = 0$$

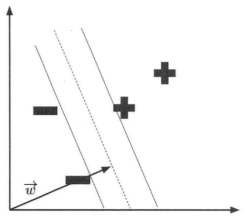

图 9-3　间隔最大化的超平面

分离超平面上方的所有点都属于正类，$y = +1$：

$$w_0 + w_1x_1 + w_2x_2 \geq 0 \text{ 假设 } y = +1$$

分离超平面下方的所有点都属于负类，$y = -1$：

$$w_0 + w_1x_1 + w_2x_2 \leq 0 \text{ 假设 } y = -1$$

我们可以将这两个方程结合起来并简化为：

$$y_i \left(w_{i0} + w_{i1}x_{i1} + w_{i2}x_{i2} \right) \geq +1$$

这适用于所有属于类 y_i 的点（x_{i1}, x_{i2}），这些点位于边际上，被称为支持向量。

由于 W 是由 $\{w_1, w_2\}$ 组成的权重向量，我们可以把边际与决策边界的距离写成 $\frac{1}{\|W\|}$w，其中 $\|W\|$ 是 W 的欧几里得范数。因此，两个边际之间的距离为 $\frac{2}{\|W\|}$。学习算法的目的是找到支持向量以及间隔最大化的超平面，也就是使这个距离最大化的决策边界。这能被解析为一个约束二次优化问题，可以通过拉格朗日公式来解决。对这个解决方案的讲解超出了本书的范围。

除了这种数学优化之外，SVM 还可以使用另一种方法来寻找决策边界，以应对属于不同类别的数据项目线性不可分的情况。

9.2.2　非线性分类

由于 SVM 可以创建一个线性的决策边界，所以了解如何定制它们以寻找非线性可分数据的决策边界是非常重要的。这里有一个利用属于两个类的非线性可分数据的直观方法，为了简单起见，它只有在一个维度。这里的分离超平面将是一个点（超过某个点的东西属于正类）。但由于数据传播的性质，找到一个这样的点是不可能的。

我们将使用一个简单的转换来给数据增加一个维度。如图 9-4 所示，我们能够找到一个超平面（目前它是一条线），它可以轻易地将两个类别分开。

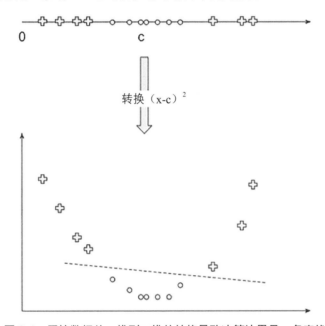

图 9-4　原始数据从一维到二维的转换导致决策边界是一条直线

因此，我们的想法是首先使用非线性变换将数据转换到一个更高的维度。然后，我们可以在新的维度上找到一个超平面，可以很容易地将两个类分开。在这一点上，我们可以使用上一节提到的 SVM 的相同方法。然而，应用大量这样的变换，然后再进行点乘，效率很低。这可以用一种叫 " 内核技巧 " 的方法来解决。

9.2.3　SVM 中的核技巧

在二次优化中，我们只需要在找到点积的同时找到线性变换。举例来说，一个数据点 X_i 可以通过 $\varphi(X_i)$ 转换到新的空间，对于所有支持向量 X_i 和 X_j，通常所需要的点积是 $\varphi(X_i) \cdot \varphi(X_j)$。核（Kernel）是一个数学函数，可以在转换后的空间中找到点积。因此，我们可以将其如下写为：

$$K(X_i, X_j) = \varphi(X_i) \cdot \varphi(X_j)$$

因此，在训练过程中，如果我们需要先进行转换再求点积的话，那么就可以转而式用核函数。计算发生在低维度上，而决策边界可以看作是在高维度上创建的。这称为"核技巧（Kernel Trick）"。下面是一些最为常用的核函数：

多项式核 $\qquad k(x_i, x_j) = (x_i \cdot x_j + 1)^d$

高斯核 $\qquad k(x, y) = \exp\left(-\dfrac{\|x-y\|^2}{2\sigma^2}\right)$

高斯径向基核函数 $\qquad k(x_i, x_j) = \exp\left(-\gamma \|x_i - x_j\|^2\right)$

$$\gamma = 1/2\sigma^2$$

拉普拉斯 RBF 核 $\qquad k(x, y) = \exp\left(-\dfrac{\|x-y\|}{\sigma}\right)$

双曲正切核 $\qquad k(x_i, x_j) = \tanh(\kappa x_i \cdot x_j + c)$

在 SVM 的实现中，可以通过超参数来实验不同的内核，您必须在实验过程中调整这些超参数，同时也要注意您选择的内核所依赖的额外超参数。举例来说，如果您在 Scikit-learn 中选择了多项式核，那么您将把核定义为 poly（多项式），并添加一个 dgree 参数来决定要使用的多项式的次数。

9.2.4　Python 中的支持向量机

我们将用一个简单的数据集进行实验，并通过不同核的 SVM 实现来可视化决策边界。Scikit-learn 在 sklearn.svm 包下提供支持向量机。SVM 是一类可以用于回归问题的算法，通常被写作 SVR（support vector regressors，支持向量回归器），而分类问题则协作 SVC（support vector classifiers，支持向量分类器）。

sklearn.svm.LinearSVC 是用 liblinear 实现的，与基于 libsvm 的 sklearn.svm.SVC 相比，它提供了一套不同的惩罚和损失函数。对于大型数据集，更推荐使用 LinearSVC 而不是 SVC。我们将在下面的例子中比较 LinearSVC 和具有不同类型内核的 SVC。

往往需要通过基于交叉验证的模型选择进行实验之后才能选择正确的内核。事实证明，线性和 RBF 在很多常见的用例中都是快速且高效的。

我们将使用 Iris 数据集继续这个例子，同时只取数据集中的前两列。这首先是为了更好地进行可视化，其次是为了只根据有限的参数来确定决策边界。

```
import numpy as np
import pandas as pd
from sklearn.datasets import load_iris

iris = load_iris()
df = pd.DataFrame(iris.data, columns=iris.feature_names)
df['species'] = pd.Categorical.from_codes(iris.target, iris.target_names)
df['target'] = iris.target
X = df.iloc[:,:2]
y = df.iloc[:,5]
```

我们可以用默认的超参数训练一个 SVM，如下所示：

```
svc = svm.SVC(kernel='linear', C=C).fit(X, y)
```

SVC 可以接受的内核包括 linear、poly、rbf、sigmoid 和 precomputed。默认值是 rbf，即径向基函数（radial basis function）。记住，可能需要根据自己选择的内核来提供额外的超参数。

例如，如果决定用多项式核建立一个支持向量分类器，那么就可以添加另一个关于次数的超参数。如果不提供额外超参数的话，它将采用默认值，也就是 3。

一旦模型训练完成，就可以查看支持向量了。它们代表则数据集边界。

```
support_vector_indices = svc.support_
print(len(support_vector_indices))
support_vectors_per_class = svc.n_support_
print(support_vectors_per_class)
70
[ 2 34 34]
```

这些属性给出了支持向量的数量。在第二个输出中，可以看到第一类只有两个支持向量；也就是说，我们在前几章看到的 Iris Setosa 相对来说更容易分离。

可以通过以下代码找到实际充当支持向量的数据点：

```
support_vectors = svc.support_vectors_
```

support_vectors 对象将包含每个训练数据点，这些数据点用于构建最大化超平面的决策边界。可以将它们可视化，以便更清晰地了解正在进行学习的内容。以下代码将带来类似于图 9-5 的结果。

```
xx,yy = np.meshgrid( np.arange(x_min, x_max, 0.1), np.arange(y_min,
```

```
y_max, 0.1)  )
Z = clf.predict(np.c_[xx.ravel(), yy.ravel()])
Z = Z.reshape(xx.shape)
# Visualize support vectors
plt.scatter(X.iloc[:,0], X.iloc[:,1])
plt.contourf(xx, yy, Z, cmap=plt.cm.coolwarm, alpha=0.4)
plt.scatter(support_vectors[:,0], support_vectors[:,1], color='red')
plt.title('Support Vectors Visualized')
plt.xlabel('X1')
plt.ylabel('X2')
plt.show()
```

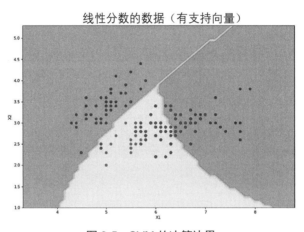

图 9-5   SVM 的决策边界

请记住，我们目前只把能力限制在两个维度上。如果我们使用完整的数据，结果会更有效益。不过，从这张图中很容易体会到支持向量分类器的稳健性和灵活性。

让我们为同一数据集构建更多的支持向量分类器，并尝试对它们进行比较吧。在下面这个例子中，我们将取前两个类（Iris 数据集的前 100 行），以更加清晰地将边界可视化。这将使我们能够对 SVC 的不同实现方式进行比较。

```
X = df.iloc[:100,:2]
y = df.iloc[:100,5]
```

这里，x 和 y 来自内置的 Iris 数据集。详情可以参见前面的例子。这里，我们将数据集限制在前 100 行和 2 列。

让我们来初始化分类器。我们将创建 4 个对象，用于线性、rbf、多项式内核，还有一个用于 LinearSVC 的实现。我们可以调整所需的超参数。另一个可供调整的超参数是 C，它是正则化参数。它必须是一个正数，表示被用作 L2 惩罚项的正则化强度的逆（inverse）。
我们将暂时使用它的默认值，但请把它保留在代码中，供您日后试验。

```
from sklearn import svm
C = 1.0 # SVM regularization parameter
svc = svm.SVC(kernel='linear', C=C).fit(X, y)
rbf_svc = svm.SVC(kernel='rbf', gamma=0.7, C=C) .fit(X, y)
poly_svc = svm.SVC(kernel='poly', degree=3, C=C).fit(X, y)
lin_svc = svm.LinearSVC(C=C).fit(X, y)
```

在这些代码行中，我们初始化并训练了三个基于 SVC 的分类器的内核，即 linear、rbf
和 polynomial。我们还有一个使用 LinearSVC 的分类器，这是一个稍微有些不一样的实现。

```
titles = ['SVC with linear kernel',
          'LinearSVC (linear kernel)',
          'SVC with RBF kernel',
          'SVC with polynomial (degree 3) kernel']

xx,yy = np.meshgrid( np.arange(x_min, x_max, 0.1), np.arange(y_min,y_max, 0.1) )

plt.figure(figsize=(20,10))
for i, clf in enumerate((svc, lin_svc, rbf_svc, poly_svc)):
    plt.subplot(2, 2, i + 1)
    plt.subplots_adjust(wspace=0.4, hspace=0.4)

    Z = clf.predict(np.c_[xx.ravel(), yy.ravel()])

    # Put the result into a color plot
    Z = Z.reshape(xx.shape)
    plt.contourf(xx, yy, Z, cmap=plt.cm.coolwarm, alpha=0.4)

    # Plot also the training points
    plt.scatter(X.iloc[:, 0], X.iloc[:, 1], c=y, cmap=plt.cm.coolwarm)
    plt.xlabel('Sepal length')
    plt.ylabel('Sepal width')
    plt.xlim(xx.min(), xx.max())
    plt.ylim(yy.min(), yy.max())
    plt.xticks(())
    plt.yticks(())
    plt.title(titles[i])

plt.show()
```

这将打印显示着四个 SVC 实现的图表（图 9-6）。

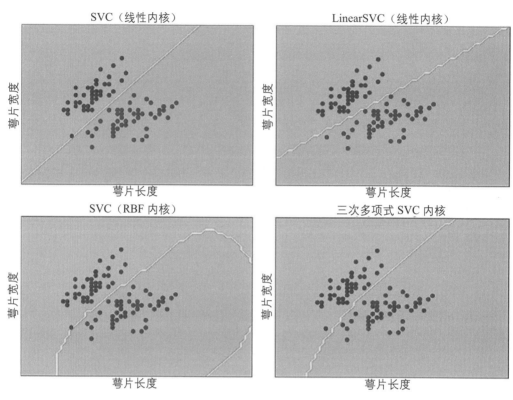

图 9-6　四个不同支持向量分类器在 Iris 数据集上的决策边界

SVM 在高维空间中非常有效。支持向量是训练点的一个相对较小的子集，由于支持向量的概念，它们的内存效率也很高。核函数可以帮助您使决策边界更加灵活和稳健。然而，需要注意的是，如果特征的数量远远大于样本的数量，那么在选择核函数和正则化项时避免过拟合是至关重要的。[①]

9.3　小结

本章介绍了监督式学习的进阶技术。事实已经证明，这些技术在各种情况下都是最先进的。在下一章中，我们将讨论另一种方法，即结合多个不太准确的模型的力量来最终创建出一个稳健的模型。

① https://scikit-learn.org/stable/modules/svm.html

第 10 章
集成学习方法

在前面的三章中，我们已经探讨并尝试使用了多种监督式学习方法，还学会了如何评估它们和调整它们的性能。每一类算法各有长短，适用于特定的问题种类。

如图 10-1 所示，集成学习，是一套技术，使用多个机器学习模型来获得比其中的任何一个模型都要好的性能。在许多用例中，单个模型被称为弱学习器（weak learner）。

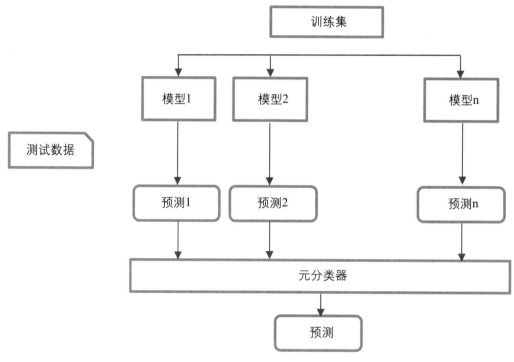

图 10-1　集成学习方法的顶层图

本章中，我们将学习如何把小型低性能弱学习器的学习能力结合起来，创建一个更准确的高性能模型。

10.1　Bagging 算法和随机森林

正如我们在上一章中所看到的那样，决策树是通过选择一个能提供最佳类分离的属性来构建的。这是通过计算信息增益（information gain）或基尼指数来完成的。根据分裂标准，数据集将遵循图 10-2 中展示的一个子节点。

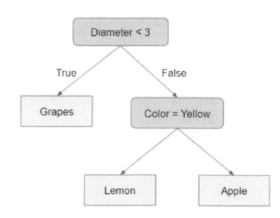

Color	Diameter	Label
Red3	3	Apple
Yellw3	3	Lemon
Purple	1	Grapes
Red3	3	Apple
Yellw3	3	Lemon
Purple	1	Grapes

图 10-2　一棵基于玩具数据集的简单决策树

如果我们选择数据集的一个稍小的子集，那么由此构建的决策树即使采用了相同的分裂标准和剪枝规则，也可能与前面所比较的树有很大的不同。

图 10-3 显示了一颗新的决策树，它是通过从 6 个数据点中随机选择 4 个而创建的。通过更改数据集，树的结构可能会彻底改变，因为分裂标准的计算将会有所变化，以反映新的训练数据集的统计信息。这就是随机森林（random forest）——简单而高效的集成方法之一——背后的理念。

Color	Diameter	Label
Red3	3	Apple
Yellw3	3	Lemon
Purple	1	Grapes
Red3	3	Apple
Yellw3	3	Lemon
Purple	1	Grapes

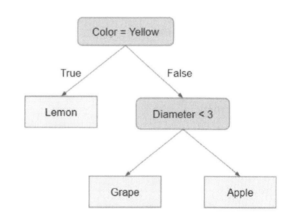

图 10-3　通过随机选择训练数据集的一个子集创建的备用决策树

Bagging 算法（引导聚集算法，或称 Bootstrap AGGregating）通过自助法和聚集过程来创建一个集成模型。我们并不是使用整个训练数据集来创建模型，而是从训练集中抽取一个样本，并将其用于训练。样本是随机产生的，每个训练数据点作为抽样的概率都相同。

如果 N 代表训练数据集的大小，M 代表考虑用于训练的随机数据点的数量，并且 M<N，则每个点都被以替换方式进行随机抽样；也就是说，它可以在子集中出现不止一次。这也意味着一个数据点可能根本就不会出现在训练数据集中。

在图 10-4 所示的训练过程中，我们创建了 k 个模型，其中 k 是一个预设的数字和一个易于配置的超参数。每棵树都是独立构建的，因此，这个过程可以并行实施。最终，我们将有 k 个独立的决策树，它们的结构可能并不相同，对于同一个测试项，它们可能会给出不同的结果。

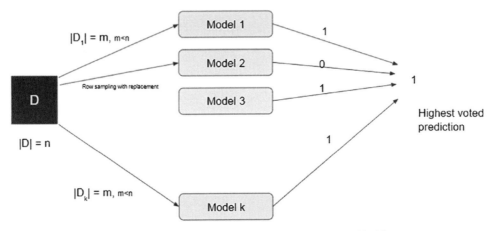

图 10-4　Bagging（或称 bootstrap aggregation）的过程

在预测阶段中，测试项目在每颗树中运行，并被决策树分配一个标签。然后，这些标签被整合和投票，在 k 棵树中得票数最高的标签被视为最终输出。在这个例子中，如果 $k=4$，四个模型预测的类别标签是 1、0、1 和 1，也就是有三票支持 1，一票支持 0，那么最终分配的类别就是 1。

10.1.1　Python 中的随机森林

在下面这个简短的例子中，我们的目的是构建一个用于 Iris 数据集分类的随机森林，并把作为集合一部分的每棵树可视化。首先，准备实验要用到的数据集。

```
import pandas as pd
from sklearn.datasets import load_iris
iris = load_iris()
```

```
df = pd.DataFrame(iris.data, columns=iris.feature_names)

from sklearn.model_selection import train_test_split
X_train, X_test, y_train, y_test = train_test_split(df, iris.target, test_size=0.3)
```

在 Scikit-learn 中,sklearn.ensemble 包中包含了分类、回归和异常检测的各种集成方法的实现。其中一个选项是 Bagging 元估计器,它接受另一个弱分类器作为参数,并在训练集的随机样本上建立几个弱分类器的实例。这将内部的弱分类器算法视为一个黑盒子,不需要对内部模型的工作方式做任何改变。

为了创建随机森林,我们将使用 RandomForestClassifier,它允许特定于决策树(tree-specific)的超参数,便于从外部进行调整。它在数据集的各种随机样本上学习大量的决策树分类器,以提高预测的质量。

我们可以指定特定于 Bagging 的超参数,比如 max_samples,该参数被用来指定在每次迭代中随机选择的训练数据点的数量或比例。此外,也可以指定 n_estimators,它是创建的单个树的数量。除此以外,其他超参数,如 max_depth、min_ samples_split、criteria 等,都可以按照和构建决策树时相同的方式使用。

让我们用 10 棵树初始化一个随机森林,并对其进行训练。

```
from sklearn.ensemble import RandomForestClassifier
clf = RandomForestClassifier(n_estimators=10, max_samples=0.7)
clf.fit(X_train, y_train)
```

组成的决策树可以通过 clf.estimators_ 进行可视化。我们可以通过 Graphviz 和 PyDotPlus 对它们进行迭代,并将树的结构可视化。

```
from IPython.display import Image
from sklearn.tree import export_graphviz
import pydotplus
for i, estimator in enumerate(clf.imposators_):
    dot_data = export_graphviz(estimator)
    graph = pydotplus.graph_from_dot_data(dot_data)
    graph.write_png('tree'+str(i)+'.png')
    display(Image(graph.create_png()))
```

一部分决策树如图 10-5 所示。在这个代码块中,我们还添加了一行使用 write_png() 将每棵树保存在硬盘中的代码。

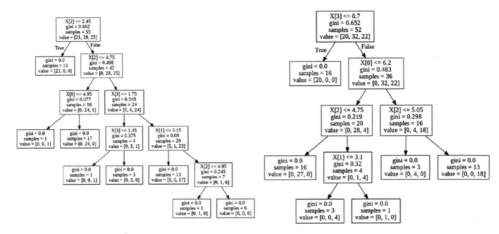

图 10-5   随机森林生成的一些树的例子

由于 Bagging 过程中的每棵决策树都是相互独立的，所以 Scikit- learn 还对随机森林的实现提供了一个并行地构建决策树的选项。这可以通过传入 n_job 参数来实现。默认情况下，它被设置为"None（无）"，因此没有并行处理。

10.2   Boosting 算法

Boosting（提升）算法是另一种广为流行的集成学习技术。Boosting 的过程不是通过训练数据的随机样本构建独立决策树，而是在迭代过程中构建决策树。

Boosting 通过根据训练数据的子集来训练一个新模型来增量地创建集成，该子集更大程度上考虑了被先前的模型错误分类的数据点。在这一节中，我们将探索一种叫做 AdaBoost 的 boosting 方法，它正是使用这种方法增量构建决策树的。

AdaBoost 通过构建决策树来进一步简化决策树，决策树本身是一个弱学习器，但 boosting 过程最终将这些弱学习器结合起来，创建了一个更准确的分类器。单层决策树（decision stump），如图 10-6 所示，是一棵简单的决策树，它只有一次分裂，因此其高度为 1。这意味着每个分类器只使用一个特征来将示例分成两个子集。

每个单层决策树都是一个非常简单的分类器，它们的决策边界都是直线。因此，单层决策树本身的能力十分有限。然而，如图 10-7 所示，对每个单层决策树单独取样和分配权重的过程就是改善最终结果的过程。

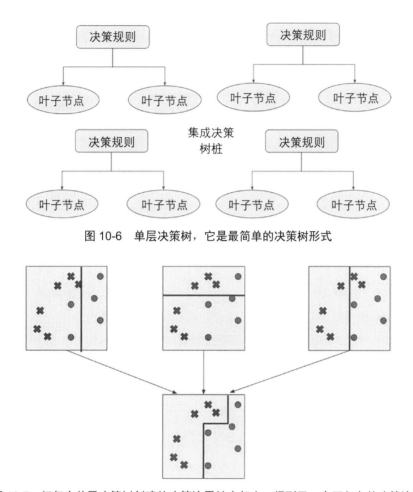

图 10-6　单层决策树，它是最简单的决策树形式

图 10-7　把每个单层决策树创建的决策边界结合起来，得到了一个更复杂的决策边界

假设我们最初给训练数据的所有行都分配了一个 $1/N$ 的采样权重。它们根据权重来抽样，并被用来构建决策树或名为"模型 1"的单层决策树。

假设我们想提高一个学习方法的准确性。我们有一个名为"D"的数据集，它由 d 个带有类别标签的元组组成、(x_1, y_1)，(x_2, y_2)，……，(x_d, y_d)，其中 y_i 是元组 x_i 的类别标签。最初，AdaBoost 给每个训练元组都分配相同的权重，也就是 $1/d$。为集成生成 k 个分类器需要通过算法的其余部分进行 k 轮操作。

在第 i 轮中，对 D 中的元组进行抽样，以形成一个大小为 d 的训练集 D_i。每个元组被选中的机会都基于其权重。接着，从 D_i 的训练元组中得到一个分类器模型 M_i。在图 10-8 中，模型 1 是从第一组样本中生成的，其中，训练数据集中的每个样本都有相同的权重。

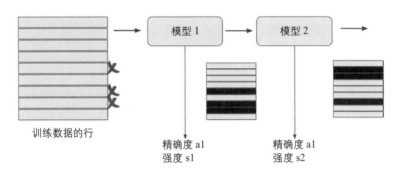

图 10-8　使用 AdaBoost 创建一个集成模型的过程

　　现在我们已经准备好了一个简单的分类模型，我们将仍然使用训练数据集 Di 来测试这个模型。然后，训练元组的权重将根据其分类情况进行调整。如果一个元组被错误地分类，那么其权重就会增加。如果被正确分类，那么其权重就会降低。一个元组的权重反映了它的分类难度——权重越高，它被错误分类的次数就越多。这些权重将被用来为下一轮的分类器生成训练样本。图 10-8 展示了这个过程的概览。

　　每个模型的准确率都被直接用来作为预测时将使用的分类器的强度概念。

　　在预测未见过数据的分类结果时，我们不会像 Bagging 方法那样对所有模型的结果进行投票，而是会计算各个模型的加权平均值。

　　我们把每个可能类别的权重初始化为 0。我们通过考虑模型的误差来获得每个单独模型的权重，如下所示：

$$w_i = log \frac{1 - error(M_i)}{error(M_i)}$$

　　如果第 i 个模型给出的预测是 "c 类"，并且权重是 w_i，那么我们就在总体预测中把 w_i 加到 c 类的权重中。在对所有类的标签进行预测后，我们将把具有最高权重的类标签作为最终的预测结果。

　　有时，最终生成的 "经过了提升的" 模型可能不如从相同数据中得出的单一模型准确。相对来说，Bagging 算法更不容易受到模型过拟合的影响。虽然这两种方法都能显著提高准确率，但与单一模型相比，Boosting 算法所达到的准确率往往更高。

　　AdaBoost 很容易实现。它可以迭代纠正弱分类器的错误，并通过将弱学习器组合在一起来提高准确性。您可以在 AdaBoost 中使用许多基础分类器。AdaBoost 不容易出现过拟合的情况。这一点从实验结果中可以看出，但具体原因尚不可知。不过，它很容易受到异常值的影响，因为它试图完美地拟合每个点。它尤其容易受到均匀噪声（uniform noise）的影响。

10.2.1 Python 中的 Boosting

为了更明确地进行比较，我们将对上一个例子中使用的同一个训练数据集运行 AdaBoost。

我们已经提取了数据集，并将其分为 X_train、X_test、y_train 和 y_test。

在 Scikit-learn 中，sklearn.ensemble.AdaBoostClassifier 接受一个基础估计器，后者默认是一颗单层决策树。然而，我们可以用不同的超参数来初始化一颗决策树，然后将其传给 AdaBoostClassifier。我们可以用 n_estimators 来配置弱学习器的数量，用 learning_rate 来配置学习率，它可以在每次迭代中配置应用于每个分类器的权重。较高的学习率会提升每个分类器的贡献，它的默认值为 1。

```
from sklearn.ensemble import AdaBoostClassifier
from sklearn.tree import DecisionTreeClassifier

base = DecisionTreeClassifier(criterion='gini', max_depth=1)
model_ada = AdaBoostClassifier(base_estimator = base, n_estimators=10)
model_ada.fit(X_train, y_train)
```

请记住，base_estimator 是选择性指定的。模型拟合之后，我们就可以使用 model_ada.estimators_ 看到构成估计器。

如果想要可视化单个单层决策树的结构，您可以使用上一节中用过的 PyDotPlus 的方法。这些决策树都非常简单，每颗决策树只有一个分支。

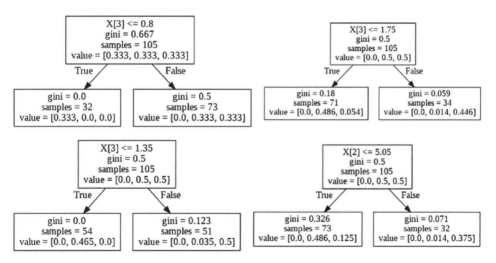

图 10-9　由 AdaBoost 模型创建的单层决策树

基于图 10-9 所示的构成估计器，AdaBoost 对象可以给出每个特征在训练数据集中的总体重要性。在 Iris 数据集中，我们有四个特征。以下代码将输出一个列表，其中包含指明这四列的重要性的四个值。

```
model_ada.feature_importances_
array([0.1, 0. , 0.3, 0.6])
```

AdaBoost 背后的理念是充分利用非常简单的弱学习器，减少错误率，以获得更准确的模型。我们可以指定一个基础估计器，而不是使用默认的单层决策树。让我们在合成数据集上跑一个实验，直观地看一看 base_model 对整体精确率的影响吧。

我们将使用 sklearn.dataset.make_classification 方法构建一个合成数据集。下面是一个简单的例子。

```
import matplotlib.pyplot as plt
from sklearn.datasets import make_classification

plt.figure(figsize=(8, 8))
X, y = make_classification(n_samples = 1000, n_features=2, n_redundant=0, n_
informative=2, n_clusters_per_class=1, n_classes=3)
plt.scatter(X[:, 0], X[:, 1], marker='o', c=y, s=25, edgecolor='k')
```

在这里，我们指示 Scikit-learn 构建一个包含 1000 个样本的数据集，每个样本有两个特征，并将数据分散到三个簇（cluster）中，每个簇表示一个类别。通过简单的可视化可以看出它与 Iris 数据集相比要复杂得多，但三个类之间的界限很模糊。这个代码块的输出如图 10-10 所示。

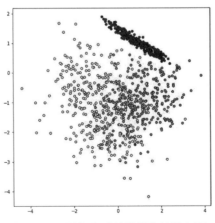

图 10-10   随机生成的数据集的散点图

由于随机生成的缘故，您的数据可能看起来有所不同。

我们将使用这种方法来生成一个更复杂的数据集，并用这些数据来训练 AdaBoost
模型。

```python
from sklearn.model_selection import train_test_split
X, y = make_classification(n_samples = 3000, n_features=10, n_redundant=0, n_
informative=10, n_clusters_per_class=1, n_classes=3)
X_train, X_test, y_train, y_test = train_test_split(X, y, test_size=0.3)
```

在以上代码中，我们首先创建了一个有 3000 个样本的随机分类数据集，10 个列中的
每个数据点都分布在三个存在于它们自己簇中的类中。我们把数据集分成了训练集和测试
集，因此报告的准确率是通过独立的测试数据衡量的。

接着，让我们开始导入需求吧。在这个例子中，我们将明确地创建 DecisionTreeClassifier
的对象，以设置不同级别的深度，并分析其对整体准确率的影响。

一个名为 accuracy_history 的列表将存储多个模型的准确率，以便进行可视化和比较。

```python
from sklearn.ensemble import AdaBoostClassifier
from sklearn.tree import DecisionTreeClassifier
from sklearn.metrics import accuracy_score

accuracy_history = []
```

现在要创建多个 AdaBoost 分类器，每个分类器都包含相同数量（50 个）的估计器。不过，
在每次迭代中，组成决策树的深度都将是不同的。

```python
for i in range(1, 20):
    tree = DecisionTreeClassifier(max_depth = i)
    model_ada = AdaBoostClassifier(base_estimator=tree, n_estimators=50)
    model_ada.fit(X_train, y_train)
    y_pred = model_ada.predict(X_test)
    accuracy_history.append(accuracy_score(y_test, y_pred))
```

在第一次迭代中，我们创建了一个由 50 棵单层决策树（或者说，深度为 1 的决策树）
组成的 AdaBoostClassifier。在下一次迭代中，我们创建了另一个由 50 棵决策树组成的
AdaBoostClassifier，深度为 2。第 20 个 AdaBoostClassifier 将包含 50 棵深度为 19 的决策树。

拥有更好、更复杂的决策树的分类器与拥有简单决策树的分类器相比，是否有显著的
改进？为了回答这个问题，我们将在每次迭代中找到对测试数据集的预测，并在列表中存
储准确率历史记录。下面就让我们来看看准确率的历史记录。

```
plt.figure(figsize=(8, 4))
plt.plot(accuracy_history, marker='o', linestyle='solid', linewidth=2, markersize=5)
plt.grid(True)
plt.xticks(range(1,20))
plt.ylim((0.5,1))
plt.xlabel("Depth of weak-learner")
plt.ylabel("Accuracy Score")

plt.show()
```

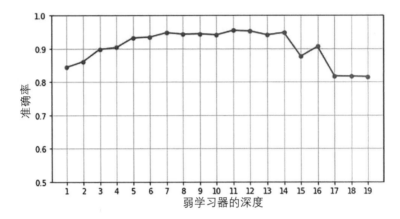

图 10-11   基于组成学习器的深度的模型准确率

通过图 10-11，我们可以观察到，在一开始的时候，随着我们把组成决策树变得更加复杂，准确率也在随之提高。然而，当深度超过一定水平后，准确率就不再提高了。在一些实际场景中，单层决策树或非常简单的决策树足以为相对较低的计算需求提供足够高的准确率。

10.3   Stacking 集成

Stacking（堆叠）或称 stacked generalization（堆叠泛化），是另一种集成学习技术，它通过分配各个组成分类器的权重来将多个机器学习模型的预测结合在一起。

它与 Bagging 有着明显的区别。Bagging 是在训练数据集的不同样本上创建相同类型的模型（比如决策树）的方法。而在 Stacking 中，我们可以选择具有不同超参数的不同类型的估计器。简单地说，Stacking 集成建立了另一个学习层（元模型），学习如何将组成模型的预测结合在一起。

根据机器学习的类型，Stacking 集成的实现会有所不同。如果我们有多个回归模型在同一数据集上进行训练，那么元模型将接受各个回归模型的输出，并尝试学习每个模型的权重以产生最终的数字输出。

10.3.1　Python 中的 Stacking

Scikit-learn 使用 sklearn.ensemble.StackingClassifier 为 Stacking 估计器提供了一个易于使用的实现。它接受一个将被堆叠在一起的基础模型（估计器）的列表。最终的估计器（默认为逻辑回归）试图根据组成估计器的输出来学习预测最终值。最终估计器是使用基础估计器的交叉验证预测来进行训练的。

```
from sklearn.model_selection import train_test_split
X, y = make_classification(n_samples = 3000, n_features=10, n_redundant=0, n_
informative=10, n_clusters_per_class=1, n_classes=3)
X_train, X_test, y_train, y_test = train_test_split(X, y, test_size=0.3)
```

让我们导入逻辑回归、KNN、决策树、支持向量和朴素贝叶斯的分类器模型。

```
from sklearn.linear_model import LogisticRegression
from sklearn.neighbors import KNeighborsClassifier
from sklearn.tree import DecisionTreeClassifier
from sklearn.svm import SVC
from sklearn.naive_bayes import GaussianNB
```

为了保持这个例子的简单性，让我们创建一个元组列表，其中，每个元组都包含一个分类器的名称和估计器对象。我们将认为所有超参数都是默认值。

```
models = [('Logistic Regression',LogisticRegression()),
          ('Nearest Neighbors',KNeighborsClassifier()),
          ('Decision Tree',DecisionTreeClassifier()),
          ('Support Vector Classifier',SVC()),
          ('Naive Bayes',GaussianNB())]
```

让我们在一次循环中训练和评估它们，并绘制 5 个模型的准确率。以下代码块的输出如图 10-12 所示。

```
accuracy_list = []

for model in models:
```

```
    model[1].fit(X_train, y_train)
    y_pred = model[1].predict(X_test)
    accuracy_list.append(accuracy_score(y_test, y_pred))

plt.figure(figsize=(8, 4))
model_names = [x[0] for x in models]
y_pos = range(len(models))
plt.bar(y_pos, accuracy_list, align='center', alpha=0.5)
plt.xticks(y_pos, [x[0] for x in models], rotation=45)
plt.ylabel('Accuracy')
plt.title('Comparision of Accuracies of Models')
plt.show()
```

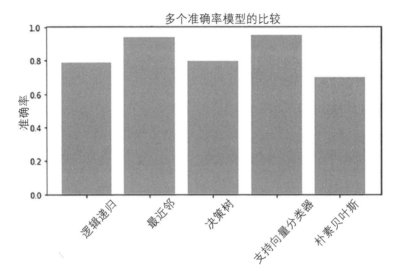

图 10-12　不同模型的准确率对比

我们将不会使用其中一个表现良好的模型，而是要创建一个集成了所有模型的 Stacking 分类器。我们将把先前初始化的 5 个模型和一个逻辑回归指定为最终估计器，它将使用 5 个估计器的结果作为输入，并学习分配最终类别时必须使用的权重。

```
from sklearn.ensemble import StackingClassifier
stacking_model = StackingClassifier(imposators=models,
final_estimator=LogisticRegression(), cv=5)
stacking_model.fit(X_train, y_train)
```

这将启动对每个组成估计器的训练。在预测时，只需要使用 stacking_model 进行预测：

```
y_pred = stacking_model.pred(X_test)
accuracy_score(y_test, y_pred)
```

由此得到的准确率分数通常会高于任何独立模型所得到的最高准确率。我们想打印另一张
柱状图，以比较所有模型的准确率：

```
accuracy_list.append(accuracy_score(y_test, y_pred))
model_names = [x[0] for x in models]
model_names.append("Stacked Model")
plt.figure(figsize=(8, 4))
y_pos = range(len(model_names))
plt.bar(y_pos, accuracy_list, align='center', alpha=0.5)
plt.xticks(y_pos, model_names, rotation=45)
plt.ylabel('Accuracy')
plt.title('Comparision of Accuracies of Models')
plt.show()
```

从图 10-13 中可以看出，堆叠模型的表现明显优于任何一个独立模型。

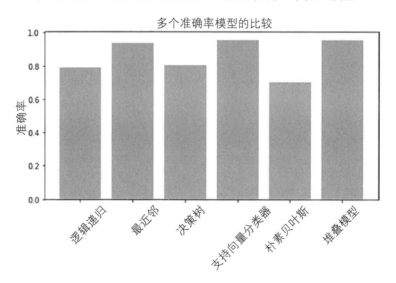

图 10-13 各个模型和堆叠模型的准确率对比

10.4   小结

在这一章中，我们探讨了几种技术，把相对较弱的学习器结合在一起，以创建一个比单个模型更准确的最终模型。Bagging、Boosting 和 Stacking 这三种方法在结合各种估计器时经常被使用。

在下一章中，我们将研究另一类的机器学习问题，即无监督学习。

第 11 章
无监督学习方法

前面探讨了几种基于给定自变量预测连续变量的解决方案，以及预测某个特定数据项属于哪一个或哪一些类别的解决方案。我们还探讨了一些结合多个模型以创建更有效的元模型的方法。所有这些方法都需要一个训练数据集，其中包括预计为预测输出的值或标签，这正是"监督式学习"这一名称的由来。在本节中，我们将讨论一类不同的机器学习问题和解决方案，其目的不是预测，而是在不需要训练标签的前提下转换数据或发现模式。

我们将讨论三种主要的无监督学习方法：

1. 降维
2. 聚类
3. 频繁模式挖掘

11.1　降维

降维指的是一系列用于在低维度中汇总数据的技术。可视化是将数据转换为低维度集的一个常见应用。在前面的章节中，我们看到 Iris 数据集有 4 个自变量：sepal width（萼片宽度）、sepal length（萼片长度）、petal width（花瓣宽度）和 petal length（花瓣长度）。如果我们想要绘制 150 个数据点以了解其分布情况，我们会挑选其中的两列而忽略另外两列。然而，这样的方法掩盖了一些模式，比如两种不同的花有相似的萼片宽度，但它们的花瓣宽度却大不相同的模式。降维方法为我们提供了另一种方法，将数据转化为两个维度的新集合，从而使原始数据集中的差异或方差最大化。

降维的另一个常见用途是在进一步的机器学习实验之前对数据进行预处理，以简化结构，避免维数灾难。这种方法在简化数据集的同时，仍然保留了其内在结构和模式。

11.1.1　了解维数灾难

您会经常遇到存在于高维空间的数据。与我们迄今为止看到的例子不同，数据如果在简单的表格中的话，可能会有太多个列。数据可能会受到独热编码或文本特征提取的影响，比如 n-gram（n 元语法），导致产生大量维数。当维数增加时，数据会变得过于稀疏（sparse），这意味着列的数量会增多，并且其中大部分都由不重要的值（大部分为 0）组成。同时，数据样本的数量，也就是行的数量，会保持不变。让我们以图 11-1 中的例子为例，找出其中的模式。

Emp No	City	Salary	Emp No	Banglore	Hyderabad	Delhi	San Francisco	Santa Clara	Salary
1101	Bangalore	900	1101	1	0	0	0	0	900
1102	San Francisco	6500	1102	0	0	0	1	0	6500
1103	Hyderabad	1250	1103	0	1	0	0	0	1250
1104	Santa Clara	8000	1104	0	0	0	0	1	8000
1105	Delhi	1150	1105	0	0	1	0	0	1150
1106	Bangalore	1200	1106	1	0	0	0	0	1200

图 11-1　样本数据集，其中员工所在的城市以独热形式呈现

假设您正在处理一个数据集（左边），其中包含员工的详细信息，包括他们居住的城市和他们的月薪（换算成美元）。

如图 11-1 所示，城市列采用了独热编码，从而扩展成了 5 列，每列代表数据库中的一个独特的城市。虽然如果您知道每个城市属于哪个国家，那么这种模式就很容易理解，但是如果没有额外信息的话，很难在如此稀疏的数据中找到这种模式。

主成分分析（principal component analysis，PCA）是应用于降维的最简单和常见的技术之一。它将数据转化为较低的维度，同时信息量几乎与原始数据集相同。

11.1.2　主成分分析

进行主成分分析时，首先要计算所有列的协方差并将之存储在一个矩阵中，该矩阵汇总了所有变量之间的关系。这可以用来寻找特征向量（显示数据离散的方向）和特征值（显示每个特征向量的重要性的高低）。

图 11-2 显示了一组最初以两个维度（x 和 y）绘制的数据点。PCA 试图将这些点投射到一个维度上，使数据的最大方差（或分布度）最大化。如果我们将这些点投射在 X 轴上，我们会发现所有点都分布在 $x1$ 和 $x2$ 之间。方差将捕捉到点 X 轴上的投射的分布。同样地，如果我们把这些点投射在 y 轴上，它们会分布在 $y1$ 和 $y2$ 之间。如果我们能够在一个完全不同的轴上进行投射，比如图 11-2 中的 k 轴，我们将观察到点分布在 $k1$ 和 $k2$ 之间，并且观察到的方差比从 x 轴和 y 轴上的投射得到的方差要高。如果 PCA 试图找到一个维度来投射数据集，那么它将选择这个维度。这就是第一主成分。如果我们想选择第二主成分，那么就必须选择与之正交的轴。这里的目的首先是找到主成分，其次是提供一个转换，将原始数据映射到主成分上。

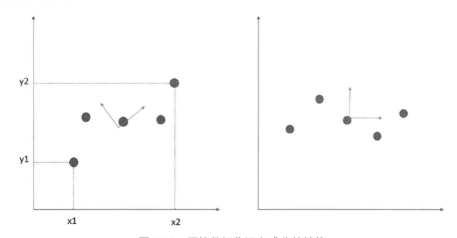

图 11-2　原始数据集沿主成分的转换

为了标准化数据以执行 PCA，我们首先计算 d 维平均向量，也就是计算每一列的平均数。这是为了让数据标准化，并使所有列的规模相当。这有助于避免出现这样的情况：分布范围较大的一列（例如工资）比分布范围较小的一列（例如 GPA）更占优势。标准化将使所有的列都有着类似的规模。

$$z = \frac{value - mean}{standard\ deviation}$$

接着，计算协方差矩阵，它提供了一种分析各列之间关系的方法。协方差矩阵给出数据集中每个维度组合的协方差。例如，对于一个有三列的数据集，$d=3$，分别是 x、y 和 z，我们可以如下计算协方差矩阵：

$$\begin{bmatrix} cov(x,x) & cov(x,y) & cov(x,z) \\ cov(y,x) & cov(y,y) & cov(y,z) \\ cov(z,x) & cov(z,y) & cov(z,z) \end{bmatrix}$$

其中，$cov(x,y)$ 代表 x 和 y 的协方差。如果是正数，就意味着 x 和 y 是正相关的；也就是说，它们的数值会一起增加或减少。如果是复数，就意味着它们是负相关的；当 x 的值增加时，y 的值会减少。

接着，我们将计算协方差矩阵的特征向量和特征值以确定主成分。PCA 的目的是找到能够诠释最大方差的主成分。与最高特征值相对应的特征向量是第一主向量。我们可以决定想要多少个主成分，并相应地选择两个特征向量。若是想要将 PCA 用于二维可视化的话，我们将选择前两个。

为了顺着主成分分析对数据集进行转换，我们将使用特征向量的矩阵并将之与标准化的原始数据集相乘。

11.1.3　Python 中的主成分分析

由于其简单性，PCA 可以按照上一节中提到的步骤，使用基础线性代数函数来执行。Scikit-learn 还提供了一个更简单的解决方案，使用与其他操作一致的 API 风格来应用 PCA 中的其他操作。让我们来看看如何使用它在 Iris 数据集中执行 PCA，并从一个截然不同的角度对其进行可视化。我们将把 Iris 数据集的 4 个特征分解成两个主成分，可以直接映射到二维图表上。让我们再次使用上一章中用过的方法导入数据集。

```
from sklearn import datasets
```

```
iris = datasets.load_iris()
X = iris.data
y = iris.target
```

如前所述数据集中有 4 个列，很难在屏幕上实现可视化。我们目前能做到的最好的处理就是将三个维度可视化（忽略第四个维度）。结果如题 11-3 所示。

```
from mpl_toolkits.mplot3d import Axes3D
import matplotlib.pyplot as plt
fig = plt.figure(1, figsize=(4, 3))
ax = Axes3D(fig, rect=[0, 0, .95, 1], elev=48, azim=134)
ax.scatter(X[:, 0], X[:, 1], X[:, 2], c=y, cmap=plt.cm.nipy_spectral,
edgecolor='k')
```

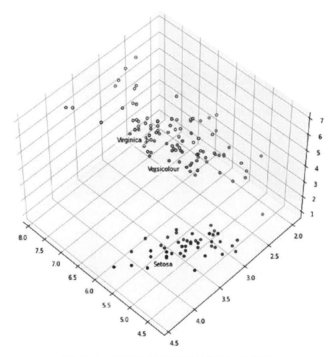

图 11-3　用三维坐标系表示的 Iris 数据集

可以使用 ax.text3D() 打印类标签：

```
for name, label in [('Setosa', 0), ('Versicolour', 1), ('Virginica', 2)]:
    ax.text3D(X[y == label, 0].mean(),
            X[y == label, 1].mean() + 0.5,
            X[y == label, 2].mean(), name,
```

```
            horizontalalignment='center',
            bbox=dict(alpha=.5, edgecolor='w', facecolor='w'))
plt.show()
```

和我们之前看到的图表相比，图 11-3 所示的三维图传达的信息更多。然而，被忽略的维度可能还有一些必须传达的信息。PCA 将帮助我们把数据转化为两个维度，同时确保分布模式得到了保留。

为了执行 PCA，我们需要导入所需的类，并应用拟合和转换。这将把数据集转换到新的二维空间：

```
from sklearn import decomposition
pca = decomposition.PCA(n_components=2)
pca.fit(X)
X = pca.transform(X)
```

可以通过以下代码检查转换后的 X 的前几行：

```
X[:5]
```

输出显示，X 现在是一个形状为（150，2）的两列矩阵。这里可以观察到一个有趣的事实：X 的值实际上并不对应着实际的萼片和花瓣的长度或宽度，它们只是新的二维空间中的变换：

```
>> array([[-2.68412563,  0.31939725],
       [-2.71414169, -0.17700123],
       [-2.88899057, -0.14494943],
       [-2.74534286, -0.31829898],
       [-2.72871654,  0.32675451],
```

我们可以使用 Matplotlib 进行可视化，用不同颜色将各个代表类（鸢尾花的品种）的数据点绘制出来：

```
fig = plt.figure(figsize=(8,8))
plt.scatter(X[:,0], X[:,1], c=y, cmap=plt.cm.nipy_spectral, edgecolor='k')
for name, label in [('Setosa', 0), ('Versicolour', 1), ('Virginica', 2)]:
    plt.text(X[y == label, 0].mean(), X[y == label, 1].mean(),
    name, horizontalalignment='center', bbox=dict(alpha=0.8,
    edgecolor='w', facecolor='w'))
plt.show()
```

这将显示 PCA 转换后的 Iris 数据集的二维散点图。图 11-4 显示了两个类别——Versicolor

和 Virginica——之间更真实的交互。您可以从该图中看到，像这样在有着最大方差的轴上进行简单的转换，可以更好地简化数据集。

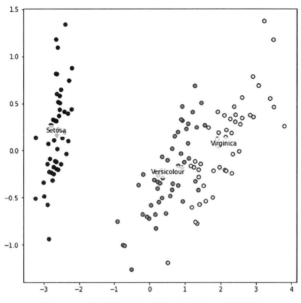

图 11-4　沿着两个主成分表示的 Iris 数据集

在各种学科中，大规模的数据集都越来越常见了。为了解释这类数据集，我们需要降低维度，以保留那些相关度最高的数据。我们可以使用 PCA 来减少变量的数量，避免多重共线性（multicollinearity），或者相对于观测值的数量来说有太多预测变量（predictor）。

特征降维（feature reduction）是机器学习中必不可少的预处理步骤。因此，PCA 是预处理的一个重要步骤，对于压缩和去除数据中的噪音非常有用。它通过寻找比原始变量集小的新变量集来降低数据集的维度。

11.2　聚类

聚类（clustering）是一系列简单但非常有效的无监督学习方法，它有助于将数据分为有意义的组别，揭示潜在的模式。想象一下，您所属的组织的人力资源总监要求您把所有员工分成 5 组，以便公司领导层决定各组员工应该报名参加哪些培训项目。在这种情况下，需要按照以下标准创建组别：（1）一组中的所有员工应该或多或少的相似；（2）不同组别中的员工应该有明显的不同。这类需要将数据分成不同部分的问题称为"聚类问题"。

前面的问题中没有预设的雇员类别。和前文中的几种分类算法不同，我们没有一个标签来让算法以此为基础学习寻找映射。在这个问题里，算法需要学习如何根据距离度量来分割（partition）数据。

在下面的小节中，我们将首先学习一种非常流行的聚类方法，并观察它在 Python 中的实现。我们还将探索聚类在运用图像处理或计算机视觉的 AI 应用程序中的应用。然后，我们将研究另一种可以检测任意形状的簇（cluster）的聚类方法。

11.2.1　使用 *k*-均值进行聚类

k-均值是一种基于质心的聚类分割方法（centroid-based cluster partitioning method）。*k*-均值旨在创建 *k* 个簇（cluster），并将数据点分配到这些簇中，使聚类的簇内相似度高（intracluster similarity），簇间相似度（intercluster similarity）低。该算法基于最小化惯性（inertia）——或簇内平方和（within-cluster sum of squares）——的概念。惯性的公式如下：

$$\sum_{i=0}^{n} \min_{\mu_j \in C} \left(\| x_i - \mu_j \|^2 \right)$$

该算法从选择 *K* 个随机点开始，我们将称这些点为由此产生的簇的"质心"。然后，该算法将进行多次迭代以完善簇。

在每次迭代中，对于每个数据点，算法都会通过计算该点与所有质心的距离来找到最近的质心，并将其分配到对应的簇中。一旦所有点都被分配到簇中，就会通过计算所有点的平均值（跨越所有维度）来计算出一个新的质心。这个过程一直持续到簇中心或簇分配不再有变化，或者在固定次数的迭代结束之后。

在该算法中，最开始的簇中心是随机初始化的。由于这个原因，不一定每次都能良好的收敛。在实践中，最好用随机初始化的簇中心多次重复聚类算法，并对最终的聚类分布进行采样。

11.2.2　Python 中的 *k*-均值

Scikit-learn 提供了 *k*-均值的高效实现。

默认情况下，簇中心的初始选择基于一种名为"*k*-均值 ++"的算法。该算法在数据点中均匀地随机选择一个簇中心。所有的点和中心之间的距离是迭代地计算的。下一个簇中心的选择采用加权概率分布，其中一个点的选择概率与距离的平方分布成正比。如此反复，

直到选出 k 个点。这种方法常常能显著改善 k-均值的最终性能。如果您决定直接提供 k 个中心点，也是可行的。

　　让我们生成一个包含某种聚类形状的合成数据集。Scikit-learn 的 sklearn.datasets 中包括这样的函数。图 11-5 所示的散点图显示了可明确解释的数据簇。

```
from sklearn.datasets import make_blobs
X, y = make_blobs(n_samples=500, centers=5, n_features=2, random_state=2) plt.
scatter(X[:,0], X[:,1], edgecolor='k')
```

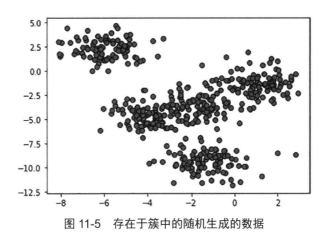

图 11-5　存在于簇中的随机生成的数据

　　为了进行 k-均值聚类，我们需要从 sklearn.clustering 导入 KMeans。其用法与监督式学习的标准 sklearn 函数类似。

```
from sklearn.cluster import KMeans
kmeans = KMeans(n_clusters=5)
kmeans.fit(X)
```

　　最后的一行代码指示算法根据所提供的数据学习聚类。为了找到每个点的簇标签，我们可以使用 predict 方法：

```
y = kmeans.predict(X)
```

或者也可以使用拟合和预测的方法，如下所示：

```
y = kmeans.fit_predict(X)
```

y 将是一个一维数组，包含在 0 到 4 之间的数字，每个数字代表由此产生的 5 个簇中的一个。

可以用以下方法获得簇中心：

```
kmeans.cluster_centers_
array([[-3.99782236, -4.6960255 ],
    [-5.92952036,  2.24987809],
    [ 1.08160065, -1.26589927],
    [-1.28478773, -9.3769836 ],
    [-1.48976417, -3.56531061]])
```

因为数据是二维的，所以有 5 个二维的簇中心。这些点是根据离它们最近的簇中心简单分配的。

我们来查看一下所生成的簇。我们将为生成的 500 个点创建一个散点图，并根据它们所属的簇为它们分配一个颜色。我们还将用不同的颜色（黑色）和记号来绘制簇中心。输出如图 11-6 所示。

```
plt.scatter(X[:,0], X[:,1], c=y)
plt.scatter(kmeans.cluster_centers_[:,0], kmeans.cluster_centers_[:,1],
c='black', marker='+')
```

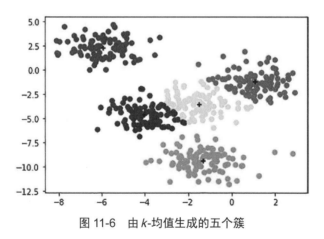

图 11-6　由 k-均值生成的五个簇

从如图 11-6 所示的聚类模型中可以看出，中间的 blob[①] 被分成了三个部分。然而，您可以直观地看到这几个部分并没有被明显地区分，因此，应该有一个较大的簇把这三个部分结合在一起。让我们来看看如果只生成三个簇会怎样。

```
kmeans = KMeans(n_clusters=3)
y = kmeans.fit_predict(X)
```

————————————
① 译注：指图像中的一块连通的区域。

```
plt.scatter(X[:,0], X[:,1], c=y)
plt.scatter(kmeans.cluster_centers_[:,0], kmeans.cluster_centers_[:,1],
c='black', marker='+')
```

如我们所料，图 11-7 表明，中间较大的 blob 变成了一个簇，而另外两个簇则几乎保持不变。然而，有时候，我们可能需要更好的方法来确定哪一个模型更好。我们将在下一节讨论这个问题。

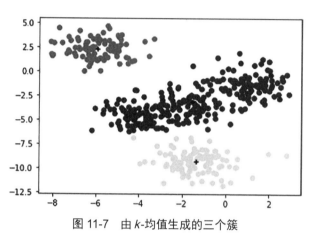

图 11-7　由 k-均值生成的三个簇

11.2.3　什么是正确的 k

在某些情况下，就像我们在本章的开头所讨论的那样，由于业务原因或领域知识，我们可能已经有了一个预设的 k 值。然而，如果没有特定的理由要预设 k 值，那么最好使用 k-均值来创建不同的 k 值，并使用纯度或误差的概念来分析簇的质量。随着 k 的数量的增加，误差会减少。不过，我们会注意到在 k 的一个值（或几个值）处，误差明显地减少了。这个值被称为"拐点"（knee point），并被定为安全值。

```
error = []
for i in range(1,21):
    kmeans = KMeans(n_clusters=i).fit(X)
    error.append(kmeans.inertia_)
import matplotlib.pyplot as plt
plt.plot(range(1,21), error)
plt.title("Elbow Graph")
plt.xlabel("No of clusters (k)") plt.ylabel("Error (Inertia)")
plt.xticks([1,2,3,4,5,6,7,8,9,10]) plt.show()
```

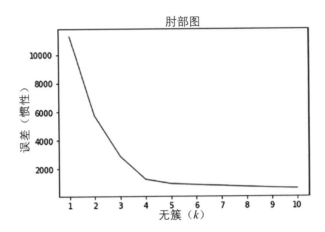

图 11-8　误差率随着我们增加聚类的数量而减少

图 11-8 中的图表显示，随着簇的数量的增加，以惯性（inertia）为单位的误差会减少。惯性代表着簇的内部一致性。k-均值算法建立在最小化惯性的基础之上。当簇的数量从 1 增加到 2、3、4 和 5 时，误差的减少（或簇质量的提高）是很显著的。超过这个点之后，改进就微乎其微了。这个点被称为"拐点"，它是一个说明应该找到多少个簇的指标。虽然拐点的位置并不明显，但我们通常会使用肘部图（elbow plot），并分析评估所选 k（比如 3）产生的簇质量的汇总统计，然后用肉眼来选择拐点。我们可以在不同的 k（4）上重复这个过程，看看哪个 k 能带来有意义的结果。根据比较，对于我们的数据集来说，3 是一个理想的簇数目，我们之前创建的两个聚类图也证明了这一点。

评估簇质量的一个常用度量是纯度（purity），它衡量聚类包含单一类别的程度。纯度要求簇有一个类的概念。为了计算纯度，我们假设每个簇代表其中的数据点里最多的类别。这被用来通过寻找被正确分配的数据点的数量占比来计算准确率。

11.2.4　聚类之图像分割

正如前一章所讨论的那样，图像可以被看作是一个多维数据集，每个像素都由一组数值表示。k-均值算法可以用来将图像的所有像素分为预设数量的簇。

在下面的例子中，我们将探索如何使用 k-均值来对图像的各个部分进行聚类或分割。我们将从 Wikimedia Commons[①] 下载一张图片，并通过它来探索 k-均值聚类方法是如何

---

① https://commons.wikimedia.org/wiki/File:Peterborough_(AU),_Port_Campbell_National_ Park,_ Worm_Bay_--_2019_--_0863.jpg

帮助分割图像的各个部分的。我们将使用 OpenCV 实现。可能需要通过以下方法来安装 OpenCV for Python：

```
%pip install opencv-python
```

现在可以用 opencv 在 Python 中加载图像，方法如下：

```
import numpy as np
import cv2
import matplotlib.pyplot as plt

original_image = cv2.imread("C:\\Data\\Wikimedia Images\port_")
campbell.jpg")
plt.figure(figsize=(10,10))
plt.imshow(original_image)
```

可视化结果如图 11-9 所示。我们想要改变图像的色彩空间，并将其转换成 K-means 可以处理的形状。我们将使用 cv2.cvtColor() 来转换图像，然后使用 reshape。

```
image = cv2.cvtColor(original_image, cv2.COLOR_BGR2RGB)
pixel_values = image.reshape((-1, 3))
pixel_values = np.float32(pixel_values)
```

图 11-9　使用 imshow( ) 在 Python 中显示图像

OpenCV 提供了 k-均值的实现，它需要作为样本的图像像素、簇的数量以及指定算法应何时停止的终止标准。

```
criteria = (cv2.TERM_CRITERIA_EPS + cv2.TERM_CRITERIA_MAX_ITER, 100, 0.2)
```

现在可以使用 cv2.kmeans() 生成簇了。建议更改一下 k 的值，以观察输出的变化。

```
K=5
_, labels, (centers) = cv2.kmeans(pixel_values, K, None, criteria, 10, cv2.
KMEANS_RANDOM_CENTERS)
```

这将为图片中的每个像素分配一个簇（总共有 5 个簇）。Centers 将是一个有五行和三列的数组，代表着簇的平均颜色。标签包含簇标签（一个从 0 到 5 的数字），代表图片中各个像素被分配到哪个簇。

我们将做一些小改动，以便将簇中心值转换为可以被表示为 RGB 颜色的整数。

```
centers = np.uint8(centers)
labels = labels.flatten()
```

我们现在可以绘制分割后的图像了。

```
segmented_image = centers[labels.flatten()]
segmented_image = segmented_image.reshape(image.shape)
plt.figure(figsize=(10,10))
plt.imshow(segmented_image)
plt.show()
```

图 11-10   用不同颜色表示的五个分段

如图 11-10 所示，每个像素根据其颜色被分配到了 5 个簇中。k-均值是一种非常简单有效且广为流行的图像分割技术。

11.2.5 使用 DBSCAN 进行聚类

还有几种其他类型的聚类算法，在簇预计不会球形均匀分布的情况下更有帮助。为了找到这种形状明显非球形的簇，我们可以使用基于密度的方法（density-based method），将簇建模为被稀疏区域分隔的密集区域。

DBSCAN 或称 Density-Based Spatial Clustering of Applications with Noise（具有噪声的基于密度的聚类方法），就是这样一种方法。它试图将数据点密度大于预定阈值的空间区域结合起来。

DBSCAN 需要一个预设距离，称为 eps（epsilon 的缩写），它代表被视为簇的一部分的点之间的距离以及 min_ samples，它代表着为了形成一个密集的簇区域，eps 距离中必须存在的数据点的数量。这些参数有助于控制算法对噪声的容忍度（tolerance）和应被视为簇的分布形状。

DBSCAN 通过定位呈现在预期密度区域的点来迭代地扩展簇。图 11-11 显示了从空间中一个确定区域内的三个点开始的扩展。

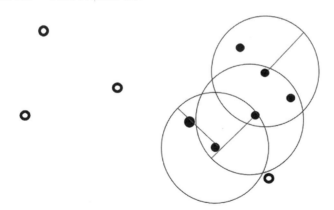

图 11-11 DBSCAN 通过存在紧密联系的点扩展簇

为了在 Scikit-learn 中进行实验，让我们构建一个遵循任意模式的合成数据。

```
from sklearn.datasets import make_moons, make_circles
X, y = make_moons(n_samples=1000, noise=0.1)
plt.scatter(X[:,0], X[:,1], edgecolor='k')
```

图 11-12 展示了数据集中存在着直观的簇。如果现在尝试用 *k*-均值来定位这些聚类的话，应该能够得到我们想要的聚类。

```
from sklearn.cluster import KMeans
kmeans = KMeans(n_clusters=2)
y= kmeans.fit_predict(X)
plt.scatter(X[:,0], X[:,1], c=y)
```

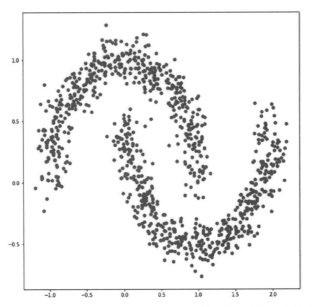

图 11-12   存在于有意义的簇中的数据点，这些簇可能不会被一些算法所采集

为了使用 DBSCAN 找到集群，我们可以从 sklearn.clustering 导入 DBSCAN。

```
from sklearn.cluster import DBSCAN
dbscan = DBSCAN(eps=0.1, min_samples=2)
y= dbscan.fit_predict(X)
plt.scatter(X[:,0], X[:,1], c=y)
```

在寻找这类簇的时候，DBSCAN 能起到很大的帮助。它很稳健，也可以用来检测噪声。根据图 11-13 和图 11-14 中的簇可以看出，*k*-均值与基于密度的算法所产生的簇在质量方面有着明显的差距。

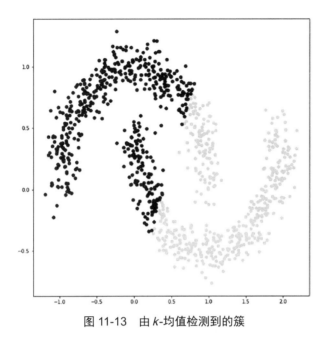

图 11-13　由 k-均值检测到的簇

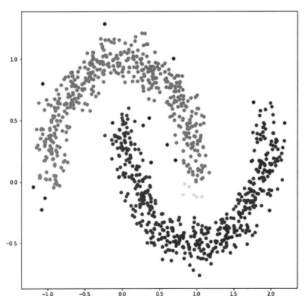

图 11-14　由 DBSCAN 检测到的簇。一些点被检测为异常值

11.3 频繁模式挖掘

频繁模式挖掘（frequent pattern mining，也称 FP mining）在零售和电子商务问题中有非常广泛的应用。频繁模式挖掘试图根据在数据集中一起出现的项目组合，来找到数据中的重复（频繁）模式。如果您有来自零售商店或超市交易的数据集，您可以找到通常被一起购买的物品（例如牛奶和面包）的模式。每笔交易可能包含一个或多个被购买的物品。频繁模式挖掘算法为我们提供了一种方法，可以找到交易中重复次数最多的此类项目的组合。

11.3.1 购物篮分析

经常在这种情况下使用的一个术语是购物篮分析（market basket analysis）。它是发现通常被一起购买的商品的过程。在零售管理的背景下，它的应用有助于决策者确定应该把产品摆放在哪里。经常被一起购买的商品可以放得近一些，在一些情况下，也可以有意地让它们离得比较远，让顾客不得不穿过其他货架，这可能会使他们购买一些本来没有计划购买的东西。

购物篮分析也被用于加购销售或交叉销售。它可以帮助识别零售机会，根据顾客过去的购买行为，向顾客提供他们原本的计划之外的东西。

这类算法的运作基础是寻找关联规则（association rule），也就是经常被一起购买的商品集合以及表示支持度（support）的数字和规则的置信度（level of confidence）。

```
Shampoo => conditioner [support = 2%, confidence =60%]
```

2% 的支持度意味着在所有交易中，有 2% 的交易一起购买了洗发水和护发素。60%的置信度意味着在所有购买了洗发水的顾客中，有 60% 的顾客也购买了护发素。

如果关联规则同时满足最小支持度阈值和最小置信度阈值，则被认为是有意义的。它们都是由领域专家设定的，也可能是通过迭代地对结果进行仔细分析后得出的。

Apriori 算法是一种迭代算法，用于增长项集的列表。它的运作原理是：频繁项集的所有子集也必须是频繁的。这称为 Apriori 属性。这意味着如果一个项集不够频繁，例如 [Shampoo（洗发水）和 Cockroach Spray（除虫喷雾）]，那么它就不满足支持度阈值。即使一个项目被添加到项集中，变成 [Shampoo（洗发水）、Cockroach Spray（除虫喷雾）、Bread（面包）]，它也不会比之前的项集出现得更频繁。

Apriori 算法首先确定交易数据库中的项集的支持度。所有支持度高于最低支持度或指定支持度的交易都会被纳入考虑。随后，它会在置信度高于阈值或最低置信度的子集中，找到关联规则。

Apriori 算法的计算成本很高。在大多数实际情况下，库存可能包含成千上万（或更大的数量级）个项目。另一个常见的问题是，当降低支持度阈值以检测特定关联时，无意义关联的数量也会增加。

另一种名为"频繁模式增长（Frequent-Pattern Growth，FP-Growth）"的算法在大多数用于挖掘频繁项集的软件包中都有实现。它首先将代表频繁项的数据库压缩成一个树状结构，并保留项目集的关联信息，然后将压缩后的数据集分为一组条件数据库，每个数据库与一个频繁项相关，接着，它分别对这些数据库进行挖掘。对于较大的数据集，频繁模式增长算法比 Apriori 算法要快得多。

11.3.2　Python 中的频繁模式挖掘

Mlxtend（machine learning extension，机器学习扩展）是一个 Python 库，为 Python 的科学计算栈增加了额外的实用程序和扩展。在下面的实验中，需要通过 pip 安装来安装 mlxtend。

```
%pip install mlxtend
import pandas as pd
import numpy as np
import mlxtend
```

我们创建了一个 CSV，其中包含每笔交易所购买的物品。

```
0,1,2,3,4,5,6
Bread,Wine,Eggs,Meat,Cheese,Butter,Diaper
Bread,Cheese,Meat,Diaper,Wine,Milk,Butter
Cheese,Meat,Eggs,Milk,Wine,,
Cheese,Meat,Eggs,Milk,Wine,,
```

我们在这段代码中使用的数据集包含大约 315 笔交易，每行一个。我们可以加载 CSV 并识别所有交易中存在的独特的项目。

```
df = pd.read_csv("fpdata.csv")
items = set()
for i in df:
```

```
    items.update(df[''+str(i)+''].unique())
        items.remove(np.nan)

import mlxtend
from mlxtend.frequent_patterns import apriori, association_rules
```

我们现在将把数据集转换为在前几章中出现过的独热编码形式。这是实现同一目的的另一种方法。编码后的数据框架应该类似于图 11-15 中所示的屏幕截图。

```
item_list = sorted(items)
encoded_vals = []

i=0
for index, row in df.iterrows():
    labels = dict()
    uncommons = list(items - set(row))
    commons = set(row).intersection(items)
    for item in commons:
    labels[item] = 1
    for item in uncommons:
        labels[item] = 0
    encoded_vals.append(labels)

one_hot_encoded_dataframe = pd.DataFrame(encoded_vals)
one_hot_encoded_dataframe
```

	Diaper	Meat	Bread	Butter	Wine	Eggs	Cheese	Milk	Donuts
0	1	1	1	1	1	1	1	0	0
1	1	1	1	1	1	0	1	1	0
2	0	1	0	0	1	1	1	1	0
3	0	1	0	0	1	1	1	1	0

图 11-15　Apriori 算法实现所预期的独热编码数据框架

这种格式是 Apriori 算法的实现和 mlxtend.frequency_patterns 中的关联规则所期望的。我们可以如下生成一个列表：

```
from mlxtend.frequent_patterns import apriori, association_rules
freq_items = apriori(one_hot_encoded_dataframe, min_support = 0.2,
use_colnames=True)
```

```
freq_items['sup_count'] = freq_items['support']*315
freq_items
```

这应该会打印出一个列表，其中包含了所有找到的项集，这些项集的最小支持度为数据集的 20%。图 11-16 显示了一个只截取了一部分的截图。结果从只有一个项目的项集开始，这没有什么意义，因为结果是按照这些项目在数据集中的频率来排序的。不过，在第 9 行之后，就可以看到包含两个项目的项集了，它们显示了有意义的购买模式，比如面包和奶酪。最后的几行显示了包含三个项目的、更有意义的项集。可以通过调整 min_support 来查看更多项集。

	support	itemsets	sup_count				
0	0.406349	(Diaper)	128.0	16	0.244444	(Milk, Meat)	77.0
1	0.476190	(Meat)	150.0	17	0.200000	(Bread, Butter)	63.0
2	0.504762	(Bread)	159.0	18	0.244444	(Wine, Bread)	77.0
3	0.361905	(Butter)	114.0	19	0.238095	(Bread, Cheese)	75.0
4	0.438095	(Wine)	138.0	20	0.279365	(Milk, Bread)	88.0
5	0.438095	(Eggs)	138.0	21	0.279365	(Bread, Donuts)	88.0
6	0.501587	(Cheese)	158.0	22	0.200000	(Wine, Butter)	63.0
7	0.501587	(Milk)	158.0	23	0.200000	(Butter, Cheese)	63.0
8	0.425397	(Donuts)	134.0	24	0.241270	(Wine, Eggs)	76.0
9	0.231746	(Bread, Diaper)	73.0	25	0.269841	(Wine, Cheese)	85.0
10	0.234921	(Wine, Diaper)	74.0	26	0.219048	(Milk, Wine)	69.0
11	0.200000	(Diaper, Cheese)	63.0	27	0.298413	(Eggs, Cheese)	94.0
12	0.206349	(Bread, Meat)	65.0	28	0.244444	(Milk, Eggs)	77.0
13	0.250794	(Wine, Meat)	79.0	29	0.304762	(Milk, Cheese)	96.0
14	0.266667	(Meat, Eggs)	84.0	30	0.225397	(Milk, Donuts)	71.0
15	0.323810	(Meat, Cheese)	102.0	31	0.215873	(Meat, Cheese, Eggs)	68.0
				32	0.203175	(Milk, Meat, Cheese)	64.0

图 11-16　Apriori 算法检测到的频繁项集和支持度计数

我们还可以打印关联规则列表以及相关的置信度分数：

```
rules = association_rules(freq_items, metric="confidence", min_ threshold=0.5)
rules
```

如图 11-17 所示，这将显示有意义的关联规则。

27	(Cheese)	(Milk)	0.501587		0.501587	0.304762	0.607595	1.211344	0.053172	1.270148
28	(Donuts)	(Milk)	0.425397		0.501587	0.225397	0.529851	1.056348	0.012023	1.060116
29	(Meat, Cheese)	(Eggs)	0.323810		0.438095	0.215873	0.666667	1.521739	0.074014	1.685714
30	(Meat, Eggs)	(Cheese)	0.266667		0.501587	0.215873	0.809524	1.613924	0.082116	2.616667
31	(Eggs, Cheese)	(Meat)	0.298413		0.476190	0.215873	0.723404	1.519149	0.073772	1.893773

图 11-17   由 Apriori 算法检测到的关联规则

图中的第 29 行显示那些买了肉和奶酪的人也买了鸡蛋，体现为肉和奶酪的支持度为 0.32，鸡蛋的支持度为 0.43，包含这三个项目的规则支持度为 0.216。相关的置信度为 0.667，这是相当高且可靠的。可以在数据集中探索其他细节。

11.4   小结

我们已经学习了几种无监督学习方法，并讨论了它们的应用情况。有了这些工具和技术，您就能对真实数据集进行分析了。在后面的章节中，我们将使用这些技术来做一个端到端的机器学习项目。

在接下来的章节中，我们将讨论过去十年越来越火的神经网络和深度学习。

第 III 部分

神经网络和深度学习

第 12 章

神经网络和 PyTorch 基础

在前面的几章中，我们已经对机器学习方法有了基本的了解。这些"传统"的机器学习方法已经在学术研究和工业领域应用了几十年。然而，在过去的几年里，创新的焦点是神经网络——各种深度神经网络架构的能力、性能和多功能性。

本章和接下来的几章将主要聚焦于神经网络以及深度神经网络架构，主要是卷积神经网络和循环神经网络，它们直接适用于许多情况。在本章中，我们将讨论神经网络是如何工作的，它们为何适用于各种各样解决方案，以及如何使用 PyTorch。

有几个软件库和工具包在过去的几年里流行了起来。对于大多数涉及机器学习的项目来说，Python 已经成为最受欢迎的选择，而对于深度学习来说，PyTorch 是其中一个具有竞争力的工具，其受欢迎程度近几年一直在增加。接下来，我们将只使用这个库。尽管与其他工具相比，这个库的 API 和使用方式可能有些特别，但背后的思想仍然是直接相关且适用的。

在本章中，我们将从感知器的基础知识开始，感知器是神经网络的基本组成部分。这个过程也将涉及构建神经网络所需的基本数学运算。然后，我们将对 PyTorch 进行简单的介绍，并了解其基础功能。我们将学习使用 PyTorch 进行基本的计算。在本章和下一章中，我们将根据 PyTorch 的功能的重要性来对它们进行介绍。

神经网络是相互连接的计算节点，是深度学习算法的核心。神经网络里最基本的元素称为"感知器"，它可以执行非常基础的矢量算术操作。感知器可以组合在一起，依靠彼此的结果来进行进一步的计算，因此可以被安排在计算单元层中。这样的网络被称为神经网络。

在后面的小节中，将从基本单元——感知器——开始，探讨有关神经网络的更多细节。

尽管设计的简单性是神经网络强大和流行起来的主要原因，但这些计算往往变得过于庞大和复杂，无法使用基本的编程工具进行编程和操作，这就导致了神经网络编程框架的兴起。

PyTorch 是最受欢迎的工具之一，它经常因为简单易用和更 Pythonic[①] 而受到赞扬，这些特点使开发者能够更轻松地学习和提高生产力。PyTorch 的速度也与其他流行的深度学习库持平，而且在某些情况下，甚至比其他深度学习库更快。一位常被引用的 AI 科学家在他的推特上总结了 PyTorch 带来的好处[②]（图 12-1）。

图 12-1　A.K. 发表的推文提到 PyTorch，他目前在特斯拉主持 AI 和自动驾驶视觉方面的研究

---

① 译注："Pythonic"可以理解为"这很 Python"，往往用来形容代码具有强烈的 Python 风格。
② https://twitter.com/karpathy/status/868178954032513024

12.1 安装 PyTorch

安装 PyTorch 的最理想方式之一是使用 Anaconda 发行版的包管理器工具 conda。如果还没有安装 Anaconda 的话，可以在 Anaconda 的官网下载适合自己系统的软件包。①Anaconda 是一个流行的 Python 发行版，具有强大的环境管理和软件包管理功能。安装了 Anaconda 之后，您就可以使用以下命令了：

```
conda install pytorch torchvision torchaudio cudatoolkit=10.2 -c pytorch
```

这将指示 conda 安装 PyTorch 和所需的库，包括 cudatoolkit，它提供了一个用于创建基于 gpu 的高性能编程的环境。

另外，也可以使用 Python 的软件包管理器 pip 进行安装：

```
pip3 install torch torchvision torchaudio
```

若想了解更多安装方式，请参见 PyTorch 的 Getting Started 页面②，其中提供了更多的选项，可以根据自己的系统和需求来对安装进行配置。

安装完成后，可以执行一个简单的测试，验证一下 PyTorch 是否已经成功安装。打开 Jupyter Notebook 或 Python Shell，导入 torch 并验证 PyTorch 的版本：

```
import torch
torch.__version__
Out: '1.9.1'
```

12.2 PyTorch 的基础知识

PyTorch 中的张量（tensor）一词指的是通用的多维数组。在实践中，张量在与矢量空间相关的代数对象集合之间建立了多重线性关系。在 PyTorch 中，张量是编码输入、输出以及模型参数的主要数据结构。

12.2.1 创建张量

张量类似于 NumPy 中的 Ndarray。可以从 Python 的列表或多维列表中创建一个张量，也可以从一个现有的 NumPy 数组中创建一个张量。

---

① www.anaconda.com/products/individual
② https://pytorch.org/get-started/locally/

```
mylist = [1,2,3,4]
mytensor = torch.tensor(mylist)
mytensor
Out: tensor([1, 2, 3, 4])
```

如您所料，从 NumPy 数组中创建一个张量也是可行的。

```
import numpy as np
myarr = np.array([[1,2],[3,4]])
mytensor_2 = torch.from_numpy(myarr)
mytensor_2
Out: tensor([[1, 2],
        [3, 4]], dtype=torch.int32)
```

从 NumPy 数组中创建一个张量时，它不会被复制到一个新的内存位置，而是会和数组和共享同一个内存位置。如果在张量中做了任何改变，那么这个改变也将反映到被用来创建它的原始数组中。

```
mytensor_2[1,1]=5
myarr
Out: tensor([[1, 2],
        [3, 5]], dtype=torch.int32)
```

反过来，也可以使用mytensor_2.numpy()来返回一个共享相同数据的NumPy数组对象。就像 NumPy 的 Ndarray 一样，PyTorch 的张量也是同质的；也就是说，张量中的所有元素都具有相同的数据类型。还有其他一些与 NumPy 的数组创建方法类似的张量创建方法。下面是一个创建简单张量的例子：

```
torch.zeros((2,3))
Out: tensor([[0., 0., 0.],
        [0., 0., 0.]])
```

这将创建一个形状为 3×3 的张量，其中所有的值都是 0。NumPy 中的一个类似函数是 np.zeros(3, 3)。它返回一个形状为 3×3 的数组。虽然表示方法类似，但张量是 PyTorch 中数据表示的基本单元。您可以使用类似函数来创建所有值都为 1 或随机值的数组，数组大小由用户自定义。

```
torch.ones((2,3))
Out: tensor([[1., 1., 1.],
        [1., 1., 1.]])
```

```
torch.rand((2,3))
Out: tensor([[0.0279, 0.5261, 0.9984],
             [0.7442, 0.3559, 0.3686]])
```

PyTorch 还包括一个方法来创建或初始化一个具有其他张量的属性（比如形状）的张量：

```
torch.ones_like(mytensor_2)
Out: tensor([[1, 1],
             [1, 1]], dtype=torch.int32)
```

12.2.2　张量操作

PyTorch 张量支持几种与 NumPy 的数组相似的操作，不过张量的操作具有更强的能力。带有缩放器的算术操作是广播式的，这意味着它被应用于张量的所有元素。形状兼容的张量之间的矩阵运算的应用方式也与之类似。

```
myarr = np.array([[1.0,2.0],[3.0,4.0]])
tensor1 = torch.from_numpy(myarr)

tensor1+1
Out: tensor([[2., 3.],
        [4., 5.]], dtype=torch.float64)

tensor1/ tensor1
Out: tensor([[1., 1.],
        [1., 1.]], dtype=torch.float64)

tensor1.sin()
Out: tensor([[ 0.8415, 0.9093],
        [ 0.1411, -0.7568]], dtype=torch.float64)

tensor1.cos()
Out: tensor([[ 0.5403, -0.4161],
        [-0.9900, -0.6536]], dtype=torch.float64)

tensor1.sqrt()
Out: tensor([[1.0000, 1.4142],
        [1.7321, 2.0000]], dtype=torch.float64)
```

也可以用类似方式使用描述数据的函数：

```
mean, median, min_val, max_val = tensor1.mean(), tensor1.median(), tensor1.
min(), tensor1.max()

print ("Statistical Quantities: ")
print ("Mean: {}, \nMedian: {}, \nMinimum: {}, \nMaximum: {}".format(mean,
median, min_val, max_val))
print ("The 90-quantile is present at {}".format(tensor1.quantile(0.5)))
```

这些操作的输出如下：

```
Statistical Quantities:
Mean: 2.5,
Median: 2.0,
Minimum: 1.0,
Maximum: 4.0
The 90-quantile is present at 2.5
```

与 NumPy 类似，PyTorch 也提供 cat、hstack、vstack 等操作来拼接张量。示例如下：

```
tensor2 = torch.tensor([[5,6],[7,8]])
torch.cat([tensor1, tensor2], 0)
```

这个方法将把两个张量拼接起来。连接的方向（或轴）被作为第二个参数提供。0 表示两个张量将被垂直拼接，1 表示它们将被水平拼接。

```
tensor([[1., 2.],
        [3., 4.],
        [5., 6.],
        [7., 8.]], dtype=torch.float64)
```

其他类似的函数包括 hstack 和 vstack，也可以用于水平或垂直拼接两个或多个张量。

```
torch.hstack((tensor1,tensor2))
Out: tensor([[1., 2., 5., 6.],
        [3., 4., 7., 8.]], dtype=torch.float64)
torch.vstack((tensor1,tensor2))
Out: tensor([[1., 2.],
        [3., 4.],
        [5., 6.],
        [7., 8.]], dtype=torch.float64)
```

reshape 函数可以改变张量的形状。为了将张量转换为具有任意列数的单行，我们可以使用（1, -1）的形状：

```
torch.reshape(tensor1, (1, -1))
Out: tensor([[1., 2., 3., 4.]], dtype=torch.float64)
```

在未来的章节中，我们将根据操作的用途来继续讨论更多操作。

12.3　感知器

　　感知器，如图 12-2 所示，是最简单的神经网络形式。它将一个或多个（通常描述了数据项特征）的向量作为输入，对其进行简单的计算，并产生单一的输出。感知器最简单的形式是单层感知器，它易于理解，运行迅速，实现简单，不过只能对线性可分数据进行分类。

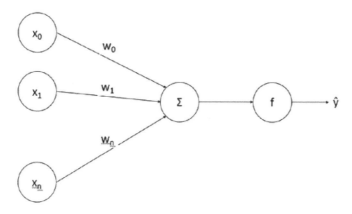

图 12-2　带有成分计算的简单感知器结构

　　如图 12-2 所示，感知器通过简单的计算，基于输入向量 x 和权重向量来预测类标签，特征分别被表示为 $[x_1, x_2, x_3 \dots x_n]$ 和 $[w_1, w_2, w_3, \dots w]$。我们通常会添加一个额外的偏置项（bias term），不影响基于 w_0 这样的输入的输出。为了便于计算，我们添加了一个输入特征，x_0，其值被设置为 1。如此一来，我们就通过 x 和 w 这两个向量，基于如下所示的简单的阶跃函数得到最终输出：

$$\hat{y} = f\left(x\right) = \begin{cases} 1 & x^t w > 0 \\ 0 & \text{否则} \end{cases}$$

这里，x 是具有 n+1 个维度的输入向量，w 是权重向量，学习过程的目标是学到最佳权重，从而使通过将结果和训练标签进行比较而计算出的误差最小化。

为了训练感知器，我们首先将用随机值初始化权重。我们将使用训练数据集，根据前面的公式找到预测的输出。因为算法还没有学会正确的权重集，所以结果可能和我们的预期相去甚远，从而导致误差的产生。为了减少下一次迭代中的噪音，我们需要根据当前的输出，对权重进行如下更新：

$$w = w + \alpha(y - \hat{y}).x$$

在这里，我们还添加了一个步骤参数 α，它控制着权重受影响的程度。我们迭代重复这个过程，直到完成预设次数（或直到收敛）。我们期望最后能够得到一个足够好的权重向量，这大概能导致低误差。在预测输出的时候，我们只需要将特征 x 放入相同的计算过程即可。

我们在上一节看到的计算函数称为步进函数。在很多情况下，您更可能会看到如下所示的 sigmoid 函数：

$$y = \frac{1}{1 + e^{-w.x}}$$

让我们先看看如何使用基本的 Python 和 NumPy 来对这些进行编程，再尝试使用 PyTorch 来做同样的事情。

12.3.1 Python 中的感知器

我们将首先使用 Scikit-learn 的数据集模块创建一个简单的可分数据集。可以使用之前使用过的任何数据集。

```
from sklearn import datasets
import matplotlib.pyplot as plt
X, y = datasets.make_blobs(n_samples=100,n_features=2, centers=2, random_
state=42, shuffle=1)
```

以上代码将创建 100 行具有两个特征的数据，这些数据分成两个主要的 blob。在建立感知器之前，让我们先把它可视化。

```
fig = plt.figure(figsize=(10,8))
plt.plot(X[:, 0][y == 0], X[:, 1][y == 0], 'b+')
plt.plot(X[:, 0][y == 1], X[:, 1][y == 1], 'ro')
plt.xlabel("Feature 1")
```

```
plt.ylabel("Feature 2")
```

如图 12-3 所示，数据点清晰可见，我们特意选择了这种随机生成的数据集来保持分类边界的简单性。

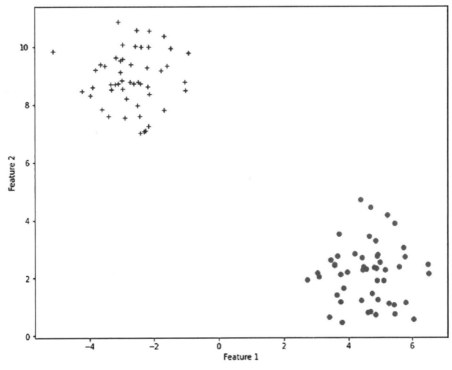

图 12-3　使用 make_blobs 生成的简单数据集

有了 x 和 y 之后，就从头开始创建 fit() 和 predict() 方法。如您所知，权重是根据当前步骤中每个数据点的预测值来更新的。在公式 $w+\alpha(y-\hat{y}).x$ 中，我们已经知道了 x 和 y；α 是一个超参数，可以配置它来设置 step，而 w 是我们将在这个过程中学习的权重集。

因为数据集包含两个特征，所以我们在权重向量中需要三个（两个特征加一个偏置项）权重。让我们先来实现预测函数吧。

```
def predict(X, weight):
  return np.where(np.dot(X, weight) > 0.0, 1, 0)
```

这实现了 $\hat{y}$ 的公式，首先计算输入数据和权重之间的乘积，然后应用案例来比较所得乘积是否大于 0。这个函数可以作为预测函数，也可以帮助我们找到正确的值来更新权重。

　　尽管数据集只有两列，但需要记住，我们有三个权重。我们将增加一列以补偿偏差，从而使形状变为 100×3。我们将把权重初始化为随机值。

```
X = np.concatenate( (np.ones((X.shape[0],1)), X), axis=1)
weight = np.random.random(X.shape[1])
```

　　在初始化之后，我们将运行迭代过程，直到完成预设的迭代次数（或 epoch），每次迭代中都会处理每个点并更新权重。现在的 fit() 方法应该是下面这样的：

```
def fit(X, y, niter=100, alpha=0.1):
  X = np.concatenate( (np.ones((X.shape[0],1)), X), axis=1)
  weight = np.random.random(X.shape[1])
  for i in range(niter):
    err = 0
    for xi, target in zip(X, y):
      weight += alpha * (target - predict(xi, weight)) * xi
  return weight
```

　　我们没有将代码结构化为一个可能在内部存储权重的类，而是必须返回权重。它可以被提供给 predict() 方法。为了学习权重，我们现在可以进行如下调用：

```
w = fit(X,y)
w
Out: array([ 0.21313539,  0.96752865, -0.84990543])
```

　　W 是一个权重向量，它有三个值，分别代表了各个特征的偏差和相应的系数。我们可以使用 predict() 方法来预测输出。让我们从 X 中选取一些随机元素来比较感知器是如何标记它们的：

```
random_elements = np.random.choice(X.shape[0], size=5, replace=False)
X_test = X[random_elements, :]
```

　　现在 X_test 将包含数据集中的随机的五行。在调用 predict() 方法之前，我们需要添加额外一个包含 1 的列。

```
X_test = np.concatenate((np.ones((X_test.shape[0],1)), X_test), axis=1)
```

　　现在，调用 predict() 方法，将结果与实际值进行比较：

```
print (predict(X_test, w))
print (y[random_elements])
```

```
Out:
[0 0 1 0 0]
[0 0 1 0 0]
```

结果看起来不错，因为数据集非常简单。但请记住，在决策边界不那么明确的情况下，简单的感知器的表现并不会很理想。我们将在之后的章节中讨论如何把这种简单的计算单元结合起来，创建一个更复杂的神经网络。

12.4　人工神经网络

一个简单的感知器通过单一的阈值逻辑单元（threshold logic unit，TLU）来学习数据集的每个特征的重要性，并试图将特征的加权结合到一起，传入函数中。我们使用了一个简单的阶跃函数，这在 Python 中通过 if-else 条件实现，或者在使用 NumPy 时通过 np.where 函数实现。我们可以使用 sigmoid 函数或其他备用函数来控制特征集如何以及何时产生输出，或者说，激活神经元。我们可以像这样结合多个激活，并以全连接层（fully connected layer）的形式将它们连接起来。

这样的网络突破了使用简单感知器所造成的简易性，允许您创建多个全连接层，从而导致隐藏层（hidden layer）的诞生，并最终得到一个多层感知器（multilayer perceptron），如图 12-4 所示。输出可能会成为下一层的输入，由下一层的一组新权重进一步地操控。

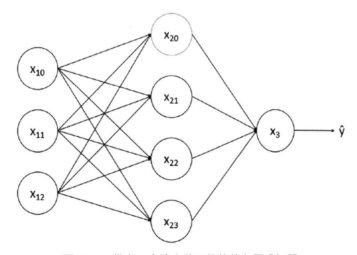

图 12-4　带有一个输出单元的简单多层感知器

计算单元可以用不同的方式排列，以创建更多样化的深度神经网络。卷积神经网络（CNN）使用一种特殊的层，它将滤波器应用到输入图像上，通过滑动滤波器来生成激活图（activation map）。在许多计算机视觉（CV）或自然语言处理（NLP）方面的应用中，CNN 都是一个绝佳的选择。我们将在第 14 章中更深入地研究它们。

另一个流行的神经网络架构被称为递归神经网络（RNN），它有一个内部状态，其值根据输入数据来维护，以便使用状态和输入样本的组合产生输出。这也可会能更新内部状态并影响未来的输出。因此，递归神经网络有助于解释数据中的顺序信息，这在 NLP 应用中是非常有帮助的。我们将在第 15 章研究这个问题。

12.5　小结

本章讨论神经网络的基础知识，并开始探索 PyTorch。我们定义了张量并创建了简单的神经单元，以学习对数据进行分类。下一章将讨论神经网络中用于学习网络权重的算法，从而引出前向传播和反向传播的概念。

第 13 章

前馈神经网络

人工神经网络（artificial neural networks，ANN）是基于大脑神经元建模的相互连接的计算单元的集合，通过这种方式创建的程序能够学习结构化、文本、语音或视觉数据的模式。我们认为人工神经网络中的基本计算单元类似于一个神经细胞（或者说，它正是受到神经细胞的启发而创建的），它接受来自多个来源的输入信号，对其进行操作，并根据给定条件进行激活，将信号传递给与之相连的其他神经元。图 13-1 显示了生物神经元和人工神经元之间的符号连接。

生物神经元聚集在一起，构成大脑的一部分，并共同负责识别一些模式或执行一个动作。人工神经网络也是由大量这样的人工神经元组成。正如我们在上一章中所看到的那样，神经元或计算单元将来自多个来源的信号结合到一起，应用激活函数，并将处理后的信号传递给与之相连的其他神经元。在实际应用中，可能会存在十几个到几百万个神经元，这些神经元可以根据训练数据中的输入和预期输出值来训练操作和激活。

在本章中，我们将研究神经网络，其中的各层计算单元紧密相连，输入信号在各层中操作并前馈，直到输出层。其中的训练过程则是对输出进行比较，并回溯哪些更改有利于开发更好的神经网络。

本章所涉及的概念是深度神经网络的更高级架构的基础。我们将讨论如何通过一个名为"反向传播（back propagation，也称 backprop）"的过程来训练神经网络，这个过程建立在梯度下降法的基础上。我们将使用 PyTorch 为回归和分类问题创建神经网络。

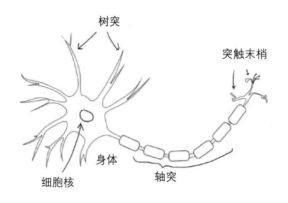

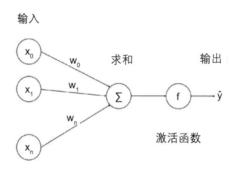

图 13-1   生物神经元与人工神经元的对比

13.1   前馈神经网络

前馈神经网络（feedforward neural network）是人工神经网络的一种简单形式，其中的计算单元将数值逐步传递到输出端，以一种高效的方式将它们结合起来，从而改善结果。前馈神经网络中的计算单元在前向传播信息（其中不存在循环或反向链接），通过隐藏节点并到达输出节点。图 13-2 是一个前馈神经网络的简单示例。

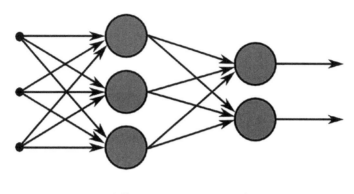

隐藏层　　　　　　　　　输出层

图 13-2　简单的前馈神经网络

13.1.1　训练神经网络

反向传播是训练神经网络的过程。反向传播大致建立在一些自 20 世纪 60 年代起开始被使用的技术的基础之上，在 1986 年由 Rumelhart、Hinton 和 Williams 明确定义，Yann LeCun 在 1987 年发表的研究也进一步定义了它。那个时期，神经网络方面出现几项充满潜力的研究，它们构成了当今深度学习领域的基础。但由于当时的计算基础设施有限，它们未能引起大众的注意。后来，大约在 21 世纪 10 年代，计算机处理器和图形处理器（GPU）的成本急剧降低，促使人们完善十年前的模型，并创建了新型神经网络架构，使它们在语音识别、计算机视觉和自然语言处理中得到了广泛的应用。

梯度下降

神经网络的训练需要一个名为"梯度下降（gradient descent）"的过程，这是一种迭代算法，用于寻找损失或成本函数的最小（或最大）值。假设有这样一个回归问题（和我们在第 7 章中看到的类似），其中，一个连续输出变量是基于一个连续输入变量而确定的。在大多数真实情况中，图 13-3 所示的预测输出不会与实际（预期）输出完全相同。这种差异被称为"误差"或称"残差"，学习算法的目的是最小化总残差或残差的其他集合。

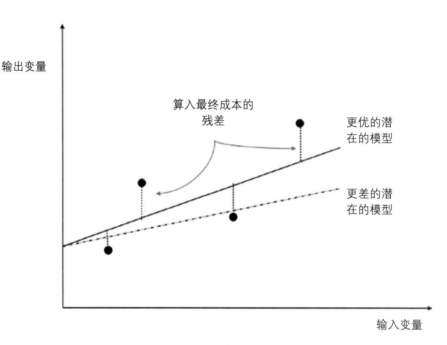

图 13-3　回归模型中的误差

学习过程倾向于学习 "$y = w_0 + w_1 \times 1 + w_2 \times 2 + \cdots$" 形式的直线方程的参数。为了使这个例子简单化，我们将坚持只使用一个变量，这意味着方程将是 "$y = w_0 + w_1 \times 1$"。一个解决此类问题的方法梯度下降法。在这个例子中，我们定义了一个成本函数，并将它用作优化函数。它显示了模型的结果和训练数据中的实际值有着多么大的差距。在线性回归中，我们可以使用均方误差（mean squared error，MSE），它是模型预测值和实际值之间差距的平均平方值。

$$J = \frac{1}{n} \sum_{i=1}^{n} \left(pred_i - y_i \right)^2$$

梯度下降法背后的理念是，能够使成本函数最小化的模型是最佳模型。每一组可能的斜率（w_0，w_1，…）都会产生一个不同的模型。图 13-4 显示了成本相对于一个斜率（例如 w_1）的变化。

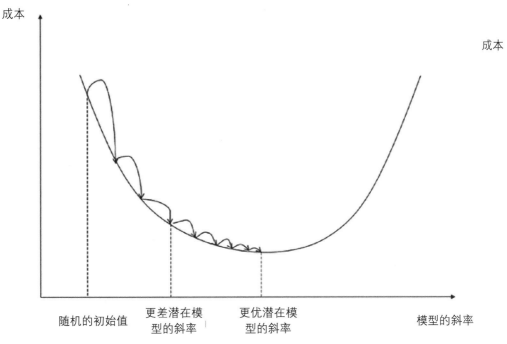

图 13-4　梯度下降法的目的是找到使成本最小化的参数

　　我们的目标是找到一个能产生最小成本的斜率。相应的点位于图中曲线的最低处。梯度下降法从一个随机的初始化值开始，根据成本在给定点的斜率（由相对于斜率的偏导数所给出），算法会发生变化：

$$\frac{\partial(cost)}{\partial m} = \frac{1}{n}\frac{\partial}{\partial m}\left(pred_i - y_i\right)^2$$

它变成了下面这样：

$$\frac{\partial(cost)}{\partial m} = \frac{-2}{n}x\left(pred_i - y_i\right)$$

这表示在理想情况下，m 值的更新应该导致更低成本的模型。这个过程是反向传播算法的基础，通过恰当地选择损失函数，我们可以为更复杂的问题训练神经网络。

　　把这个想法翻译成神经网络术语的话，就是梯度下降为我们提供了一种更新单层神经网络（比如第 12 章中的那个）权重的方法。

反向传播

在多层网络中，这种方法可以被直接应用于最后一层，在那里我们可以发现实际值（或目标值）和预测值的差异；然而，它不能被应用于隐藏层，因为我们没有任何目标值可供比较。为了继续更新神经网络中所有单个单元的权重，我们计算最后一层的误差，并将该误差从最后一层传播回第一层。这个过程称为反向传播（backpropagation）。

图 13-5 展示了带有一个隐藏层的简化版神经网络。我们只有三个节点：第一个节点代表输入；第二个节点是隐藏层，它根据权重 w_1 和偏置 b_1 对输入进行计；第三个是输出层，它也根据权重 w_1 和偏差 b_1 对隐藏层的输出进行计算。

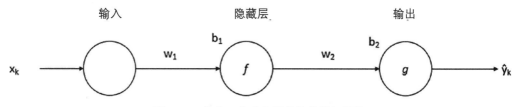

图 13-5　带有一个隐藏层的简化神经网络

其中，第一个节点接受输入并将其转交给第二个节点，即隐藏层。隐藏层对输入施加权重 w_1，并加上偏差 b_1，从而产生 $w_1 \times k + b_1$，然后将其与激活函数 f 一起应用，因此，隐藏层的输出是 $f(w_1 \times k + b_1)$。

隐藏层的输出被用作第三个单元的输入，它被乘以 w_2 并与偏差 b_2 相加。因此，第三个单元的输入是 $w_2 f(w_1 \times k + b_1) + b_2$。

应用了激活函数 g 之后，它产生的输出是 $g(w_2 f(w_1 \times k + b_1) + b_2)$，这正是预测输出。图 13-5 中将其表示为 $\hat{y}_k$。

这个前馈传播的过程发生在训练阶段的每次迭代中。我们知道训练数据集中所有项目的预测值之后，就可以找到损失或成本函数了。为了对此进行解释，让我们继续使用上一节中定义的损失函数。

$$J = \frac{1}{n} \sum_{k=1}^{n} \left(\hat{y}_k - y_k \right)^2$$

其中，

$$\hat{y}_k = g\left(w_2 f\left(w_1 x_k + b_1 \right) + b_2 \right)$$

我们知道，可以通过计算损失函数相对于 w_1 的导数来更新 w_1，以在下一次迭代中减少整体损失。

$$\frac{\partial(J)}{\partial w_1} = \frac{1}{n}\sum_{k=1}^{n} 2(\hat{y}_k - y_k)\frac{\partial \hat{y}_k}{\partial w_1}$$

这导致了另一个使用链式法则解决的量，如下所示：

$$\frac{\partial \hat{y}_k}{\partial w_1} = g'\Big(w_2\, f(w_1 x_k + b_1) + b_2 \Big)\big\{ w_2 f'(w_1 x_k + b_1)(x_k) \big\}$$

或：

$$\frac{\partial \hat{y}_k}{\partial w_1} = w_2 x_k f'(w_1 x_k + b_1)\, g'\Big(\ f(w_1 x_k + b_1) + b_2 \Big)$$

我们可以找到相对于 w_2 的偏导数，如下所示：

$$\frac{\partial(J)}{\partial w_2} = \frac{1}{n}\sum_{k=1}^{n} 2(\hat{y}_k - y_k)\frac{\partial \hat{y}_k}{\partial w_2}$$

$$\frac{\partial \hat{y}_k}{\partial w_2} = \big\{ f(w_1 x_k + b_1) \big\}\, g'\Big(w_2\, f(w_1 x_k + b_1) + b_2 \Big)$$

因此，在更复杂的网络中，我们可以继续反向计算偏导数。不难发现，有几个量是我们之前计算过的，例如前面的例子中的 $f(w_1 \times k + b_1)$。可以看到，在每次迭代中，中间值和输出值都是在前向传递时计算的，然后从输出层开始使用梯度下降法更新权重，并反向移动直到所有的权重都得到了更新。这就是所谓的反向传播。

13.1.2 损失函数

在前面的解释中，我们使用了一个叫均方误差的损失函数。由于其性质，这种损失函数适用于输出为连续变量的回归问题。损失函数还有其他常见的几种，您可以根据要解决的问题来使用。

- 均方误差

均方误差（MSE）是实际值和预测值之间误差的平方和的平均值。它会惩罚模型的大误差，但会忽略小误差。这也称为 L2 损失函数（L2 loss）。对于 y 和 ŷ 这两个值（它们通常代表预期输出和预测输出），每个训练样本的误差成分可以通过以下公式来计算：

$$loss(y, \hat{y}) = (y - \hat{y})^2$$

- 平均绝对误差

我们可以不考虑平方，而是简单地查看平方和的绝对值，并取整个数据集的一个平均值。这也被称为 L1 损失函数（L1 loss），它对异常值具有稳健性。

$$loss(y, \hat{y}) = |y - \hat{y}|$$

- 负对数似然损失函数

在简单的分类问题中，负对数似然损失（negative Log Likelihood loss）函数是一个高效的选择，它鼓励那些高概率地做出正确预测的模型，而如果模型预测出正确类别的概率较低，它会对其进行惩罚。

$$loss(y, \hat{y}) = -log(y)$$

- 交叉熵损失函数

交叉熵损失函数（cross entropy loss）是一个适合用于分类问题的函数。如果模型产生错误输出的概率过高，那么它就会对其进行惩罚。在训练一个有 C 类的分类问题时，它是最常用的损失函数之一。

$$loss(y, \hat{y}) = -\sum y \log \hat{y}$$

- 铰链损失函数

在学习非线性嵌入的问题中，铰链损失函数（hinge loss）测量给定输入张量 x 和标签张量 y（包含 1 或 -1）的损失。这个函数通常被用于测量两个输入是否相似。

$$loss(x, y) = \begin{cases} x, if\ y = 1 \\ \max\{0, \Delta - x\}, if\ y = -1 \end{cases}$$

若想了解 PyTorch 中定义的更多损失函数，可以浏览其官方文档。[①]

---

① https://pytorch.org/docs/stable/nn.html#loss-functions

13.2　使用人工神经网络进行回归

让我们使用 PyTorch 来创建一个用于解决回归问题的简单神经网络吧。首先，我们将创建一个简单的数据集，其中包含一个自变量（X）和一个因变量（y），X 和 y 之间可能存在线性关系。我们将创建形状为 [20,1] 的张量，它代表 20 个输入值和 20 个输出值。输出图如图 13-6 所示。

```
from matplotlib import pyplot
import torch
import torch.nn as nn
x = torch.randn(20,1)
y = x + torch.randn(20,1)/2
pyplot.scatter(x,y)
pyplot.show()
```

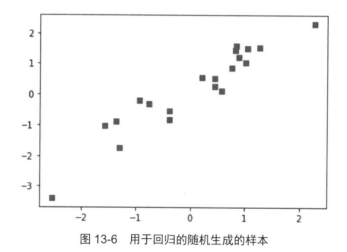

图 13-6　用于回归的随机生成的样本

数据已经准备就绪。这个模型是一个简单的顺序模型，它将有一个输入层，一个激活函数，还有一个输出层。

```
model = nn.Sequential(
        nn.Linear(1,1),
        nn.ReLU(),
        nn.Linear(1,1))
```

激活函数是应用于加权输入 $f(w_i x_i)$ 的函数 f。ReLU 或称线性整流函数（rectified linear unit），是一个简单的函数，它对任何负值输入产生的输出是“0”，对正值输入则输出同样的值。我们将在下一节讨论 ReLU 和其他激活函数。

由于只有一个输入变量，我们期望学习两个权重，w_1 和 b。因为易于实现，我们将把 b 称为 w_0。输入线性层和输出线性层，将各有两个权重，因此我们总共需要在训练中学 4 个随机初始化的权重。下面来看看模型的参数，以了解将要学习的量。

```
list(model.parameters())
Out: [Parameter containing:
tensor([[-0.7681]], requires_grad=True),
Parameter containing:
tensor([0.2275], requires_grad=True),
Parameter containing:
tensor([[0.1391]], requires_grad=True),
Parameter containing:
tensor([-0.1167], requires_grad=True)]
```

我们现在可以开始使用被定义为优化器的方法来学习使损失函数最小化的权重。但需要注意的是，PyTorch 要求数据的形式为张量。让我们快速地在 0-1 范围内对数据进行缩放，并将其转换为张量。

```
x = (x-x.min())/(x.max()-x.min())
y = (y-y.min())/(y.max()-y.min())
```

我们现在需要初始化均方误差（MSE）损失函数和一个优化器，它将使用随机梯度下降法来更新权重。

```
lossfunction = nn.MSELoss()
optimizer = torch.optim.SGD(model.parameters(), lr=0.05)
```

在初始化优化器时，我们把学习率设定成 0.05。这影响到权重更新的速度有多快（或有多慢）。

学习过程需要分三个步骤进行多次迭代。

1. 前向传播：使用当前权重集并计算输出。
2. 计算损失：将输出与实际值进行比较。
3. 反向传播：使用损失来更新权重。

在这里，我们使用一个 for 循环来迭代 50 个 epoch。在这个过程中，我们还将跟踪损失，以便将来能直观地看到误差是如何随着 epoch 而变化的。

```
loss_history = []
```

```
for epoch in range(50):
    pred = model(x)
    loss = lossfunction(pred, y)
    loss_history.append(loss)
    optimizer.zero_grad()
    loss.backward()
    optimizer.step()
```

经过 50 次迭代后，我们期望损失已经降到了足够低，能够产生像样的结果了。让我们通过绘制 loss_history 图表来直观地了解损失的变化情况。需要记住的是，由 lossfunction() 产生的损失对象也将包含作为张量的数据，我们需要把这些数据分离出来，以便 Matplotlib 对其进行处理。

```
import matplotlib.pyplot as plt
plt.plot([x.detach() for x in loss_history], 'o-', markerfacecolor='w',
linewidth=1)
plt.plot()
```

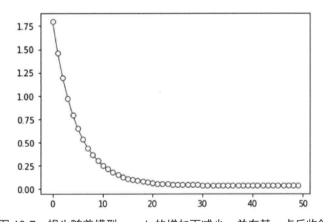

图 13-7　损失随着模型 epoch 的增加而减少，并在某一点后收敛

从图 13-7 中可以看出，损失迅速降低，直到第 10 个 epoch。在第 10 个 epoch 之后，误差变得非常低，以至于梯度减少了，进一步的变化也放缓了，这种情况一直持续到第 30 个 epoch 左右。在第 30 个 epoch 之后，损失保持不变，权重的变化也微不可察。

让我们来看看由该系统产生的结果，如图 13-8 所示。

```
predictions = model(x)
plt.plot(x, y, 'rx', label="Actual")
plt.plot(x, predictions.detach(), 'bo', label="Predictions")
```

```
plt.legend()
plt.show()
```

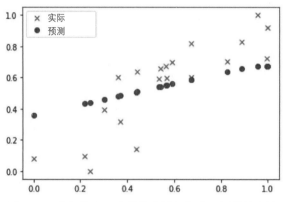

图 13-8　实际值和一个简单的神经网络预测的输出值

对于那些可以用相当直接的统计解决方案的问题，这个过于简单的单层神经网络可能并不总能给出最佳结果。有时，尽管图中显示损失明显减少，但最终的回归线可能无法您所期望的那样紧密贴合。您可以定义模型并多次训练它，看看随机初始化带来的差异。

有了这个模型之后，我们就准备好使用更复杂的神经网络架构了。我们将首先建立一个具有不同激活函数的多层神经网络，并使用之前一直在用的 Iris 数据集对鸢尾花进行分类。

13.3　激活函数

神经网络中的各个计算单元接受输入，乘以权重，加上变差，并在将其转发到下一层之前对其应用激活函数。这将成为下一层计算单元的输入。在本例中，我们使用了整流线性单元（ReLU）。对于输入的 x，如果 $x>0$，它就会返回 x；否则，它就会返回 0。因此，如果一个单元的加权计算产生了一个负值，ReLU 将使其成为 0，它将成为下一层的输入。如果输入为零或负值，那么激活函数的导数将为 0，否则将为 1。

有许多已定义的激活函数。下面将介绍其中比较常见的一些。

13.3.1　ReLU 激活函数

整流线性单元是一个简单而有效的函数，如果输入为正，它就会激活，如果输入为负，则不会。因此，它对输入的信号进行整流。它的计算速度很快，是非线性且可微分的。它被如下定义：

$$ReLU(x) = \max(0,x)$$

不过，由于在负输入的情况下，神经元根本不会影响输出，因此它所贡献的输出变成了 0，因此在反向传播过程中不会学习。这可以通过 ReLU 的一个变体来解决，这个变体名为"Leaky ReLU"。

图 13-9 显示了 ReLU 和 Leaky ReLU 的图表。

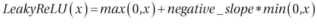

$$LeakyReLU(x) = max(0,x) + negative\_slope * min(0,x)$$

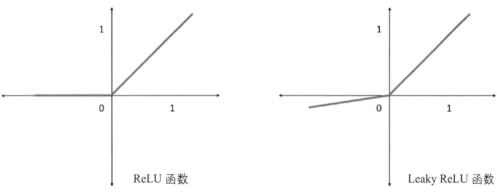

ReLU 函数　　　　　　　　　　　　　　Leaky ReLU 函数

图 13-9　ReLU 和 Leaky　ReLU 激活函数

对于负信号，Leaky ReLU 产生相对较小的输出，而这可以通过更改 negative_slope 来进行配置。

13.3.2　Sigmoid 激活函数

Sigmoid 函数产生的输出在 0 和 1 之间，对于负数输入，输出值接近于 0，对于正数输入，输出值接近于 1。输入为 0 时，输出为 0.5。sigmoid 激活函数的图形可以在图 13-10 中看到。这个函数非常适用于分类问题，如果在输出层使用的话，介于 0 和 1 之间的输出值可以被解释为概率。

$$Sigmoid(x) = \frac{1}{1 + exp(-x)}$$

然而，sigmoid 的计算成本比较昂贵。如果输入值太高或太低，会导致神经网络停止学习。这个问题称为"梯度消失（vanishing gradient）"问题。

13.3.3   tanh 激活函数

tanh 函数类似于 sigmoid 函数，只不过它产生的输出在 -1 和 1 之间，当输入为负数时，它的输出值接近于 -1；为正数时，输出值接近于 1。该函数穿过（0，0）处的原点。tanh 函数的图表如图 13-10 所示。可以看到，尽管这两个函数的图表看起来很相似，但 tanh 函数其实有着显著的区别。

$$tanh(x) = \frac{exp(x) - exp(-x)}{exp(x) + exp(-x)}$$

尽管形状相似，但 tanh 函数的梯度要比 sigmoid 函数稳健得多。它也适用于需要让负数输入作为负数输出传出的层。

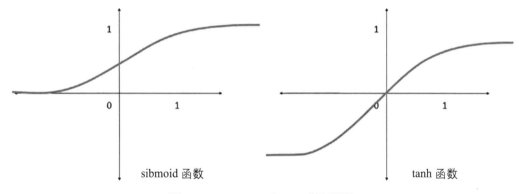

图 13-10   sigmoid 和 tanh 激活函数

如果向 sigmoid 函数提供一个很大的负值作为输入，那么输出值将接近于 0，因此，权重在反向传播过程中的更新速度将非常慢。这就是为什么在这种情况下 tanh 可以提高神经网络的性能。

13.4   多层人工神经网络

我们可以通过在层中添加更多计算单元或添加更多的层来使神经网络稍微扩大一些。我们可以通过编辑在前面的例子中指定的层的方式来修改神经网络。

```
model = nn.Sequential(
    nn.Linear(1,8),
```

```
    nn.ReLU(),
    nn.Linear(8,4),
    nn.Sigmoid(),
    nn.Linear(4,1),
)
```

在这里，我们定义了一个输入层，它接受一个输入并将其转给有 8 个单元的层。这之后是一个 ReLU 激活函数，然后又转给包含有八个单元的层，接着转给包含 4 个单元的另一层。再然后是 sigmoid 激活函数，最终转到包含一个单元的输出层。

如果需要的话，我们可以修改输出层，使其包含一个以上的单元。让我们来研究一下之前见过的多元分类问题吧。Iris 数据集包含来自三个品种的鸢尾花的元素。我们可以在输出层中创建三个单元，这些单元将表示 Iris 样本落入三个类别之一的概率。

让我们按照之前的方式导入 Iris 数据集。

```
import pandas as pd
import numpy as np
from sklearn.datasets import load_iris
from sklearn.preprocessing import StandardScaler
iris = load_iris()
df = pd.DataFrame(data=iris.data, columns=iris.feature_names)
df['class'] = iris.target
x = df.drop(labels='class', axis=1).astype(np.float32).values
y = df['class'].astype(np.float32).values
```

因为要使用 PyTorch，所以我们将导入所需的库。

```
import torch, torch.nn as nn
```

我们现在需要将 x 和 y 转换为张量。这可以用 torch.tensor() 来完成。注意，我们还将把张量转换为所需的数据类型，这样在后面的阶段就不会出现与数据格式有关的问题了。

```
data = torch.tensor( x ).float()
labels = torch.tensor( y ).long()
print (data.size())
print (labels.size())
Out: torch.Size([150, 4])
     torch.Size([150])
```

我们现在要定义一个简单的神经网络，它接受 4 个输入，隐藏层包含 16 个单元，输出包含 3 个单元。所有激活函数都将是 ReLU。图 13-11 展示了该神经网络的示意图。

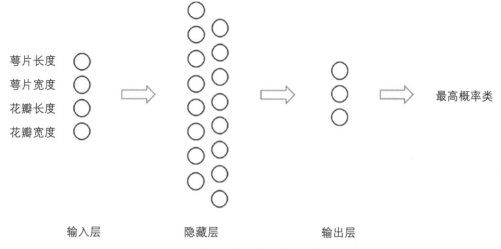

图 13-11　带有一个隐藏层的简单神经网络

```
model = nn.Sequential(
    nn.Linear(4,16),        nn.ReLU(),
    nn.Linear(16,16),       nn.ReLU(),
    nn.Linear(16,3),
    )
```

下面让我们来定义损失函数和优化器。

```
crossentropyloss = nn.CrossEntropyLoss()
optimizer = torch.optim.SGD(model.parameters(),lr=.01)
```

现在我们可以启动训练循环了。在这个例子中，我们将训练 1000 个迭代或 1000 个
epoch。和之前的例子一样，为了将学习过程可视化，我们将把损失记录下来。我们还将
通过比较模型的预测值和原始数据集中的值来计算准确率，并保留这些记录，以便进行可
视化。

```
maxiter = 1000
losses = []
accuracy = []

for epoch in range(maxiter):
    preds = model(data)
    loss = crossentropyloss(preds,labels)
```

```
losses.append(loss.detach())

optimizer.zero_grad()
loss.backward()
optimizer.step()

matches = (torch.argmax(preds,axis=1) == labels).
float()    matchesNumeric = matches.float()
accuracyPct = 100*torch.mean(matches)
accuracy.append( accuracyPct )
```

经过 1000 次迭代后，我们假设损失已经充分降低，准确率也达到了一致的水平。让我们来绘制这两张图表：

```
fig,ax = plt.subplots(1,2,figsize=(13,4))
ax[0].plot(losses)
ax[0].set_ylabel('Loss')
ax[0].set_xlabel('epoch')
ax[0].set_title('Losses')
ax[1].plot(accuracy)
ax[1].set_ylabel('accuracy')
ax[1].set_xlabel('epoch')
ax[1].set_title('Accuracy')
plt.show()
```

图 13-12 显示了损失的逐渐下降，但第 800 个 epoch（肘）后，几乎就没有什么变化了。准确率图表显示，在最开始的 epoch（肘）中，准确率急剧提升，并达到了足够高的比率。

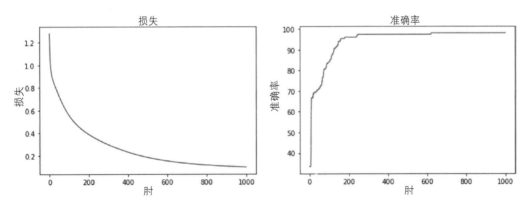

图 13-12　显示损失和准确率分别在 1000 个 epoch 中降低和提升的图表

为了跟踪准确率，我们将再次获取最终模型的预测值，并将之与原始值进行比较：

```
predictions = model(data)
predlabels = torch.argmax(predictions,axis=1)
final_accuracy = 100*torch.mean((predlabels == labels).float())
final_accuracy
Out: tensor(98.)
```

我们已经得到了足够高的准确率。

不过，与其就此结束这个实验，不如了解一下在这种神经网络中创建的决策边界是什么样的。这可能会让您对 ANN 如何创建边界产生更多见解。

我们将为此创建一个新程序，以根据数据的两个维度（而不是 4 个）创建模型。完整的代码如下：

```
import matplotlib.pyplot as plt
import pandas as pd
import numpy as np
from sklearn.datasets import load_iris
from sklearn.preprocessing import StandardScaler
import torch, torch.nn as nn
from matplotlib.colors import ListedColormap

iris = load_iris()
df = pd.DataFrame(data=iris.data, columns=iris.feature_names)
df['class'] = iris.target
x = df.drop(labels='class', axis=1).astype(np.float32).values
y = df['class'].astype(np.float32).values

data = torch.tensor( x[:,1:3] ).float()
labels = torch.tensor( y ).long()

model = nn.Sequential(
    nn.Linear(2,128), # input layer
    nn.ReLU(), # activation
    nn.Linear(128, 128), # hidden layer
    nn.Sigmoid(), # activation
    nn.Linear(128,3), # output layer
)

crossentropyloss = nn.CrossEntropyLoss()

optimizer = torch.optim.SGD(model.parameters(),lr=.01)
```

```
maxiter = 1000

for epochi in range(maxiter):
    preds = model(data)
    loss = crossentropyloss(preds,labels)
    optimizer.zero_grad()
    loss.backward()
    optimizer.step()
```

模型现在已经训练好了，我们可以继续准备一个二维空间来绘制等高线图，它将显示根据模型标记每个点的方法而创建的决策边界。

```
x1_min, x1_max = x[:, 1].min() - 1, x[:, 1].max() + 1
x2_min, x2_max = x[:, 2].min() - 1, x[:, 2].max() + 1
xx1, xx2 = np.meshgrid(np.arange(x1_min, x1_max, 0.01), np.arange(x2_min, x2_
max, 0.01))

predictions = model(torch.tensor(np.array([xx1.ravel(), xx2.ravel()]).
astype(np.float32)).T)
predlabels = torch.argmax(predictions,axis=1)

markers = ('s', 'x', 'o', '^', 'v')
colors = ('red', 'blue', 'lightgreen', 'gray', 'cyan')
cmap = ListedColormap(colors[:len(np.unique(y))])

Z = predlabels.T
Z = Z.reshape(xx1.shape)
plt.contourf(xx1, xx2, Z, alpha=0.3, cmap=cmap)
plt.xlim(xx1.min(), xx1.max())
plt.ylim(xx2.min(), xx2.max())

for idx, cl in enumerate(np.unique(y)):
    plt.scatter(x=x[y == cl, 1], y=x[y == cl, 2], c=colors[idx],
    marker=markers[idx], alpha=0.5, label=cl, edgecolor='black')
```

这样一来，我们将得到一个明确展示了二维特征空间中的每个点将如何被分类的图表，如图 13-13 所示。在这个基础上，我们还叠加了原始训练点。

基于神经网络的结构和激活函数，您的边界可能会和上图有很大的区别。但是可以从这里看到一个有趣的模式，那就是决策边界可能不是直线。对于更复杂的数据，决策边界可能也会更加复杂。

现在大家已经了解了神经网络的构建方式，让我们再选一个分类问题来处理。

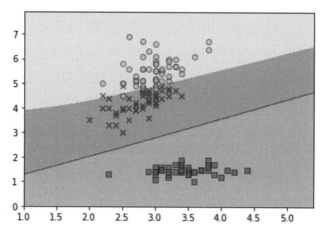

图 13-13   由神经网络所创建的用于对 Iris 数据进行分类的决策边界

13.4.1   PyTorch 中的神经网络（NN）类

在前面的例子中，我们一直在使用 nn.Sequential() 来定义神经网络的结构，它让我们能够定义层和激活函数是如何相互连接的。另一种定义网络的方式是一个神经网络类，它继承了 nn.Module 并定义了将要使用的层，并实现了一个方法来定义前向传播将如何发生。它尤其适用于想建立一个复杂模型而不是现有模块的简单序列的时候。

使用 sklearn 的 make_classification() 方法为分类准备数据，以创建两个不同的聚类。

```
from sklearn.datasets import make_classification
import matplotlib.pyplot as plt

X, y = make_classification(n_samples = 100, n_features=2, n_redundant=0,
n_informative=2, n_clusters_per_class=1, n_classes=2, random_state=15)
plt.scatter(X[:, 0], X[:, 1], marker='o', c=y, s=25, edgecolor='k')
```

我们现在要定义一个简单的神经网络，它有一个接受两个输入的输入层：一个包含八个节点的隐藏层和一个包含表示类别（0 或 1）的一个节点的输出层。

```
import torch, torch.nn as nn, torch.nn.functional as F
import numpy as np

class MyNetwork(nn.Module):
  def __init__(self):
```

```
  super().__init__()
  self.input = nn.Linear(2,8)
  self.hidden = nn.Linear(8,8)
  self.output = nn.Linear(8,1)

def forward(self,x):
  x = self.input(x)
  x = F.relu( x )
  x = self.hidden(x)
  x = F.relu(x)
  x = self.output(x)
  x = torch.sigmoid(x)
  return x
```

在这个类中，我们需要明确指出层的顺序和激活函数以及额外的操作（这将在下一节中介绍）。这个类可以被实例化，模型可以在多个 epoch 中进行训练，就像我们在前面的例子中所做的那样。我们还要添加几行用于打印图表的代码，以显示损失的变化（如图 13-14 所示）。

```
mymodel = MyNetwork()
data = torch.tensor(X.astype(np.float32))
labels = torch.tensor(y.reshape(1,100).T.astype(np.float32))
learningRate = .05

lossfun = nn.MSELoss()

optimizer = torch.optim.SGD(mymodel.parameters(),lr=learningRate)

numepochs = 1000
losses = torch.zeros(numepochs)

for epochi in range(numepochs):
  yHat = mymodel(data)
  loss = lossfun(yHat,labels)
  losses[epochi] = loss
  optimizer.zero_grad()
  loss.backward()
  optimizer.step()

# show the losses
plt.plot(losses.detach())
plt.xlabel('Epoch')
plt.ylabel('Loss')
plt.show()
```

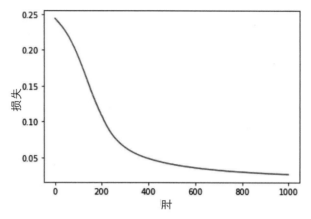

图 13-14　分类的损失在肘中的变化

创建这样的类能够帮助我们定义一个更复杂的网络块，它可能由多个更小的块组成。不过在更简单的网络中，顺序模型是一个不错的选择。

13.4.2　过拟合和暂退法

就像我们在前几章看到的那样，过拟合是机器学习任务中的一个常见问题，模型可能从训练数据集中学习了太多内容，导致无法很好地进行泛化。这在神经网络中也是如此，由于其灵活性，神经网络很容易出现过拟合。

一般来说，解决过拟合的方法有两种。一个是使用足够多的训练数据样本。第二种方法需要修改网络结构和网络参数方面的复杂程度。您可以从模型中减少一些层，或者减少每层的计算节点数量。

另一种经常在神经网络中使用的方法名为"dropout（暂退法）"。您可以在某一层定义 dropout，这样模型在训练过程中就会故意地随机忽略一些节点，从而使这些节点暂退。这样就不会出现从训练数据样本中"学到太多"的情况了。

因为 dropout 可以减少计算量，所以训练过程会加快。不过，您可能需要更多的训练 epoch 才能确保损失降到足够低的水平。这种使用 dropout 的方法已经被证明可以有效地减少复杂图像分类和自然语言处理问题中过拟合的情况。

在 PyTorch 中，可以通过定义 dropout 的概率来实现 dropout，如下所示：

```
dropout = nn.Dropout(p=prob)
```

在神经网络类中，我们可以在前向传播定义中加入 dropout 层，预设的 dropout 率为

20%。请参阅下面代码的变化：

```
class MyNetwork(nn.Module):
  def __init__(self):
    super().__init__()
    self.input = nn.Linear(2,8)
    self.hidden = nn.Linear(8,8)
    self.output = nn.Linear(8,1)
  def forward(self,x):
    x = self.input(x)
    x = F.relu( x )
    x = F.dropout(x,p=0.2)
    x = self.hidden(x)
    x = F.relu(x)
    x = F.dropout(x,p=0.2)
    x = self.output(x)
    x = torch.sigmoid(x)
    return x
```

如果持续跟踪损失，它们可能会像图 13-15 那样。尽管损失并没有平滑地降低，但我们最终发现，随着我们训练网络的 epoch 的增加，损失也在降低，而且在 epoch 达到一定数量后，网络的损失将被训练到足够低的水平。

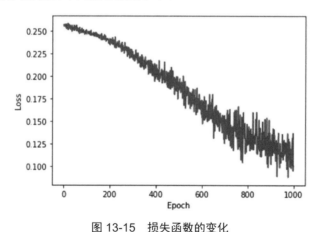

图 13-15　损失函数的变化

13.5　分类手写数字

既然我们已经能够创建基本的神经网络了，那么就开始使用一个更真实的数据集并处理一个图像分类问题。对于这个任务，我们将使用由 Yann LeCun 推广开来的一个包含了

70 000 个手写体数字样本的数据集，它被称为"MNIST 数据库（mixed national institute of standards and technology database）"。这个数据集已经在图像的处理和分类上有了广泛的应用。一些手写体数字如图 13-16 所示。

图 13-16　来自 MNIST 数据集的数字

让我们导入所需的库。对于这个程序，我们还需要导入 torchvision，它是 PyTorch 的一部分，提供了各种数据集、模型和图像转换。

```
import numpy as np
import matplotlib.pyplot as plt
import torch
import torch.nn as nn
import torch.optim as optim
import torchvision
from torchvision import datasets, transforms
```

在我们以编程方式下载数据集之前，我们可以定义一个必须应用的转换列表来帮助我们处理数据集。我们需要将图像转换为张量格式。数据集可以通过 torchvision.datasets() 来下载。

```
transform = transforms.Compose([transforms.ToTensor()])
trainset = datasets.MNIST('train', download=True, train=True,
transform=transform)
testset = datasets.MNIST('test', download=True, train=False,
transform=transform)

train_loader = torch.utils.data.DataLoader(trainset, batch_size=64, shuffle=True)
test_loader = torch.utils.data.DataLoader(testset, batch_size=64,
shuffle=True)
```

文件将被导出到 "/train/MNIST/raw" 和 "/test/MNIST/raw" 文件夹。接下来的两行初始化了训练数据和测试数据的 DataLoader 项。DataLoader 并不能直接提供数据，而是可以被用户定义的可迭代对象控制。在定义神经网络之前，让我们先查看一下数据项。以下几行代码会生成一个包含 64 个元素的训练数据 batch。

```
dataiter = iter(train_loader)
images, labels = dataiter.next()
```

可以通过以下代码定位一张图片：

```
plt.imshow(images[0].numpy().squeeze(), cmap='gray_r');
```

每个数字都在一个 28×28 像素的框中。在这个灰度数据集中，每个像素包含一个从 0 到 255 的值，表示颜色（以暗度来衡量）。因此，每个图像由 784 个值定义。现在我们可以开始定义网络了。我们知道输入层包含 784 个单元，输出层包含 10 个单元，每个单元代表一个数字。我们将再增加两个各包含 64 个单元的输入层。

对于这个例子，我们仍将使用 ReLu 作为激活函数，因为我们有一个多类分类问题，所以损失层将是交叉熵。图 13-17 简要展示了我们将在这个例子中创建的神经网络。

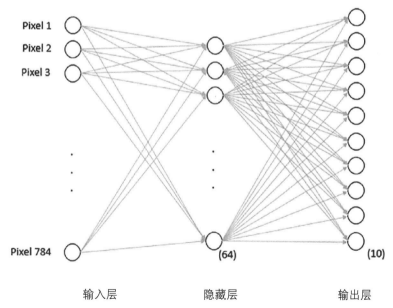

图 13-17 用于分类手写体数字的神经网络。输入长度始终为 784，
输出长度为 10，每个代表一个数字

```
model = nn.Sequential(nn.Linear(784, 64),
                      nn.ReLU(),
                      nn.Linear(64,64),
                      nn.ReLU(),
                      nn.Linear(64,10),
)
print(model)

Out: Sequential(
  (0): Linear(in_features=784, out_features=64, bias=True)
  (1): ReLU()
  (2): Linear(in_features=64, out_features=64, bias=True)
  (3): ReLU()
  (4): Linear(in_features=64, out_features=10, bias=True)
)
```

接下来，我们将定义损失函数和优化器。

```
lossfn = nn.CrossEntropyLoss()
optimizer = torch.optim.SGD(model.parameters(),lr=.01)
```

在训练阶段，我们将把 epoch 的数量限制在 10 个，因为这个数据集比我们迄今为止接触过的例子大得多。不过，这应该已经足以将损失降得够低，使模型能够对大多数例子做出良好的预测了。在每个 epoch 内，train_loader 会对包含 64 个元素的 batch 进行迭代。

```
losses = []
for epoch in range(10):
    running_loss = 0
    for images, labels in train_loader:
        images = images.view(images.shape[0], -1)
        optimizer.zero_grad()
        output = model(images)
        loss = lossfn(output, labels)
        loss.backward()
        optimizer.step()
        running_loss += loss.item()
    print("Epoch {} - Training loss: {}".format(epoch, running_loss/
    len(train_loader)))
    losses.append(running_loss/len(train_loader))
```

这应该显示出每个 epoch 的损失在逐渐降低。

```
Epoch 0 - Training loss: 1.7003767946635737
```

```
Epoch 1 - Training loss: 0.5622020193190971
Epoch 2 - Training loss: 0.4039541946005211
Epoch 3 - Training loss: 0.35494661225534196
Epoch 4 - Training loss: 0.32477016467402486
Epoch 5 - Training loss: 0.302617403871215
Epoch 6 - Training loss: 0.2849765776086654
Epoch 7 - Training loss: 0.2697247594261347
Epoch 8 - Training loss: 0.25579357369622185
Epoch 9 - Training loss: 0.24312975907773732
```

图 13-18 展示了损失随时间降低的情况。

```
plt.plot(losses)
plt.xlabel('Epoch')
plt.ylabel('Loss')
plt.show()
```

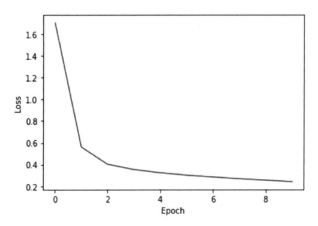

图 13-18　损失在几个 ephoch 间的变化

现在让我们测试一下模型将如何预测测试数据集中的一个数据项：

```
testimgs, testlabels = iter(test_loader).next()
plt.imshow(testimgs[0][0].numpy().squeeze(), cmap='gray_r');
```

图 13-19 显示了测试数据集中的第一个数字。我们的样本清楚地显示出这是数字八（8）。

请注意，MNIST 数据集中的一些样本可能不是那么清晰。您可能已经预想到了，数据集中包含一些样本，哪怕人类读者看到了都会感到困惑。例如，看起来更像零（0）的六（6）或者看起来更像一（1）的七（7）。一些只经过少数训练 epoch 的简单神经网络可能不会很准确。

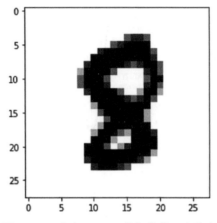

图 13-19   来自 MNIST 数据集的一个数字

首先，我们将把图像压缩到 $1×784$ 的格式，并找到输出层的值。最高的值将对应预测的值。我们还会把输出单元的值转换为概率，其中表现最好的可以被选为输出。

```
img = testimgs[0].view(1, 784)
with torch.no_grad():
    logps = model(img)

ps = torch.exp(logps)
probabilities = list(ps.numpy()[0])
prediction = probabilities.index(max(probabilities))
print(prediction)
Out: 8
```

在这里，所有的 10 个输出单元都代表一个概率。您可以探索一下概率对象，看看备选输出的概率。我们可以看到，这个八（8）也有极小的可能是 6 或 2。

13.6   小结

在本章中，我们学习了神经网络单元的工作方式，以及如何组合它们以创建能够解决复杂问题的强大神经网络。我们为回归和分类问题创建了简单和复杂的神经网络。在下一章中，我们将介绍一种特殊的神经网络架构，它尤其适用于处理图像和其他二维或三维数据。

第 14 章

卷积神经网络

卷积神经网络（convolutional neural networks，CNN）是一种前馈神经网络，它有专门的层，用来通过在图像的小区域中滑动滤波器以将滤波器应用到输入图像上，从而生成激活图。回想一下，常规的前馈网络由单个计算单元或神经元组成，训练过程需要反向传播来学习它们的权重和偏置项。每个计算单元都使用点积将输入与权重相结合，并传递给产生输出的非线性函数。这个输出通常用作下一层神经元的输入，直到达到输出层。CNN 是围绕着在其至少一个层中使用卷积数学运算从图像中找出特征而开发的。

在本章中，我们要了解 CNN 的工作原理，探索可以调整的 CNN 的单个部分，同时还要查看卷积神经网络在实践中的应用。

14.1 卷积运算

图像中的各个像素并不是独立的数据源，而是依赖于周围的像素。一般来讲，我们通过相似的值（相似的颜色或强度）来描绘同一对象的连续性，或者通过在颜色或亮度的值上的明显差异来描绘对象的骤变边界（abrupt boundary）。卷积运算允许我们通过一组预定义的卷积核（或滤波器）对图像进行操作，从而捕捉这样的特征。

卷积是一种数学运算，其中一个卷积核（或滤波器）被应用于输入数据的一部分（通常是图像）通过在整个图像上滑动卷积核，来生成一个最终修改后的图像。请参考图 14-1 中的矩阵和滤波器的示例。

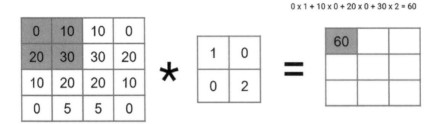

图 14-1   使用 4×4 矩阵和 2×2 滤波器的卷积运算的一部分

4×4 矩阵与 2×2 滤波器进行运算，导致滤波器被映射到矩阵的左上部分。这会产生一个单一值，它将作为输出被保存到结果矩阵的一个单元格中，如图 14-1 所示。然后，滤波器向右滑动，并对图 14-2 中显示的图像的下一区域执行类似的计算。

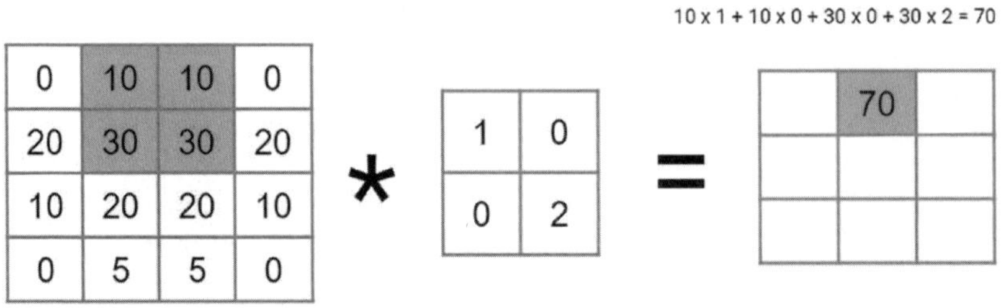

$$10 \times 1 + 10 \times 0 + 30 \times 0 + 30 \times 2 = 70$$

图 14-2   使用 4×4 矩阵和 2×2 滤波器的卷积运算的后续部分

该过程将持续进行，直到原始矩阵的所有值都被填充完毕，如图 14-3 所示。

由于得到的矩阵变小了许多，我们有时会添加填充（padding），以使得结果图像的大小与原始图像相近。因此，我们可以从填充后的矩阵开始，如图 14-4 所示。

0	10	10	0
20	30	30	20
10	20	20	10
0	5	5	0

*

1	0
0	2

=

60	70	50
60	70	50
20	30	20

图 14-3 使用 4×4 矩阵和 2×2 滤波器的卷积运算的结果

	0	10	10	0
	20	30	30	20
	10	20	20	10
	0	5	5	0

图 14-4 填充以确保卷积结果具有相同的形状

滤波器实质上会过滤掉所有与滤波器中包含的模式无关的内容。我们希望通过学习滤波器来根据给定的数据集找到模式。简单来说，卷积只是模式的滑动查找器。在图像处理软件中，有一些提供常见效果的标准滤波器，如锐化、模糊、边缘检测等。图 14-5 展示了一个简单的示例。

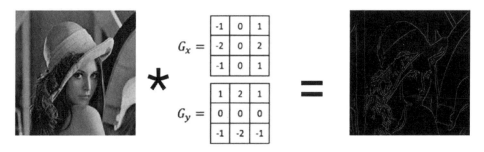

图 14-5 用于检测图像部分的滤波器

我们可以构建更复杂的滤波器，用于发现特定类型的模式。图 14-6 显示了一个包含人眼模式（或图像）的滤波器，当对一个图像进行卷积运算时，如果滤波器与原始图像中的某个模式密切匹配，那么结果将包含一个较高的值。

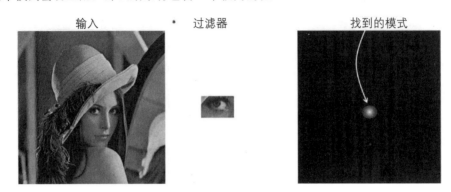

图 14-6　用于在图像中检测模式的滤波器

在彩色图像中，每个图像都是一个 3×r×h 的三维数组，其中 r 是行数，h 是图像的高度（以像素为单位）。有三个大小为 r×h 的通道矩阵，分别表示图像的红色、绿色和蓝色通道。对于这种情况，卷积核也需要是一个三通道卷积核。因此，如果在二维空间中有一个大小为 3×3 的卷积核，那么现在我们将有一个大小为 3×3×3 的卷积核，在图像的每个通道上应用卷积核的层。

将滤波器应用于图像后，生成的矩阵将是一个二维图像，如图 14-7 所示。

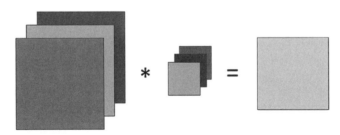

图 14-7　多通道上的滤波器产生单通道输出

我们可以有多个卷积核。每个卷积核将产生一个二维矩阵，如图 14-8 所示。因此，如果使用三个不同的卷积核，那么结果将是一个三维矩阵，其中每个卷积核的结果都作为跨越一个维度的层。

需要注意的是，许多库实现了一个名为"交叉相关（cross-correlation）"的函数。正如我们在前面的章节中所看到的那样，参数是通过反向传播将梯度传递回去来学习的。在 CNN 中，反向传播使用类似但翻转的卷积操作，并使用相同的参数来学习滤波器的权重。

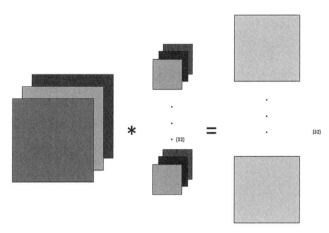

图 14-8 多个滤波器产生多个输出

14.2 CNN 的结构

CNN 是利用卷积操作的神经网络，其中至少有一个层使用了卷积操作。有许多流行的架构已被证明在各种图像分类相关任务中非常有效。图 14-9 展示了卷积神经网络的一个简单且标准的配置。

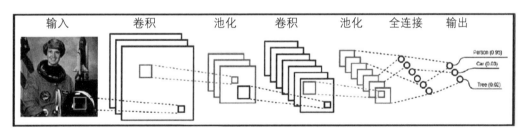

图 14-9 卷积神经网络的标准配置

输入是一个 H×W×C 形状的张量，保存着图像像素的原始值。H 和 W 分别代表图像的高度和宽度（以像素为单位），C 代表通道的数量（通常对于 RGB 彩色图像为 3，对于单色灰度图像为 1）。输入连接到卷积层，该层使用 F 个滤波器对图像进行卷积操作。因此，在填充和步长均为 1 的情况下（下文中将会解释），输出大小将为 H×W×C。这之后是一个不会改变大小的激活层（最好使用 ReLU）。

卷积和激活之后，池化层可以通过聚合相邻像素并对数据进行下采样，来压缩与图像相关的特征激活信息。最大池化可以选择图像的每个部分的最大值。它有助于使表示具有平移不变性，即不受图像中特征位置的微小变化的影响。因此，H×W×C 的图像可能会导致 H/2×W/2×F 大小的输出。

在这个阶段，我们可能会选择将其"压平（flatten）"，然后转给一个或多个具有 C 个单位的输出层的任意全连接层，其中 C 是图像输入可能被归入的类别数量。

在许多应用中，我们会增加后面跟着池化层的多组卷积层，池化层可以聚合在前一阶段检测到的多个特征。

14.2.1 填充和步长

在指定卷积层过滤器的超参数时，我们可以选择深度、步长和填充。这些决定可能对最终生成的模型的性能和能力产生重大影响。

深度（depth），或者说过滤器的数量，决定了网络能够捕获图像中的多少个不同特征。每个过滤器可能会通过学习发现图像中的一个模式，某一类型的边缘，或者颜色组合。在指定它的时候，我们也将指定过滤器的大小。

步长定义了过滤器在原始图像上滑动的距离。默认步长为 1，这意味着过滤器每次只移动一个像素。步长为 2 意味着过滤器将移动两个像素，然后在图像的下一个位置执行乘法和求和操作。

图 14-10 展示了步长变化所导致的输出差异。

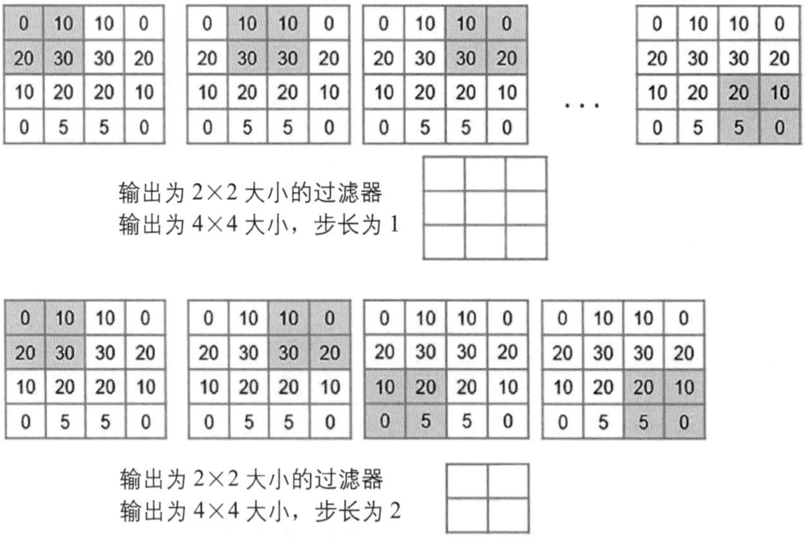

输出为 2×2 大小的过滤器
输出为 4×4 大小，步长为 1

输出为 2×2 大小的过滤器
输出为 4×4 大小，步长为 2

图 14-10　由步长的不同而导致的输出形状的差异

填充会在原始图像的边界添加其他行和列，并在这些单元格中填充 0。由于卷积操作结合了图像的更大部分的信息，所以在步长和填充均为 1 的情况下，产生的输出图像的大小将与输入图像相同。

14.3　在 PyTorch 中使用卷积神经网络

PyTorch 提供了多个用于实现卷积层的类。卷积可以通过在图像上的一个或多个方向滑动过滤器来实现。研究证明，1D 卷积非常适合与其他神经网络层结合使用，以完成文本分类任务，其中文本嵌入可以代表原始文本。如果您对采集某个轴上的特征非常感兴趣的话，它也可以用于图像，但在大多数情况下，2D 卷积更适用于与图像有关的任务。

在 PyTorch 的 2D 卷积实现中，您需要定义输入通道、输出通道和卷积核大小。默认的步长为 1，填充为 0。让我们导入必要的模块并定义一个简单的 2D 卷积层。

```
from torch import nn
conv = nn.Conv2d(3,15,3,1,1)
conv
Out: Conv2d(3, 15, kernel_size=(3, 3), stride=(1, 1), padding=(1, 1))
```

这创建了一个卷积层，它接受三个通道作为输入，在 3×3 的卷积核形状下为输出提供 15 个通道。这个卷积核将在原始图像的额外行和列上操作，一次滑动一个像素。

每个通道都有 15 个大小为 3×3 的过滤器。可以通过以下方法来检查要学习的权重的形状：

```
conv.weight.shape
Out: torch.Size([15, 3, 3, 3])
```

为了理解过滤器是如何工作的，让我们运行一个简单的过滤器卷积。让我们导入一张图像 a，使用一个简单的过滤器，看看它将对图像有何影响。

```
import urllib.request
from PIL import Image
urllib.request.urlretrieve('https://upload.wikimedia.org/wikipedia/commons/
thumb/2/26/Boat_in_the_beach_Chacachacare.jpg/640px- Boat_in_the_ beach_
Chacachacare.jpg', "boat.png")
```

---

① https://upload.wikimedia.org/wikipedia/commons/thumb/2/26/Boat_in_the_beach_ Chacachacare. jpg/640px-Boat_in_the_beach_Chacachacare.jpg

```
img = Image.open("boat.png")
```

以上代码行下载了 jpg 图像，并在本地将其保存为 PNG 文件，然后打开了 PNG。您可以将 img 加载为 NumPy 数组，使用 np.array(img) 来查看每个像素处的值。请注意，我们加载的图像的结构将通道信息放在最内层的维度，这与我们在 Torch 中加载图像时的情况是不同的。

```
from PIL import Image
import torchvision.transforms.functional as TF
x = TF.to_tensor(img)
x.unsqueeze_(0)
print(x.shape)

Out: torch.Size([1, 3, 378, 640])
```

PyTorch 确认我们已加载了一张包含高为 378 像素，宽为 640 像素的图像信息的三通道图像。

我们定义一个简单的过滤器，以大幅提高对比度：

```
imgfilter = torch.zeros((1,3,3, 3))
imgfilter[0,:]=torch.tensor([[-10,10,-10],[10,100,10],[-10,10,-10]])
imgfilter = torch.nn.Parameter(imgfilter)
```

看一下卷积的效果：

```
import torch.nn.functional as F
z = F.conv2d(x, imgfilter, padding=1, stride=1)
z = z.detach().numpy()[0][0]
output = Image.fromarray(z)
output.show()
```

在这个实现中，z 最初创建为一个 $1\times1\times378\times640$ 的数组，我们从中提取出实际的图像。这生成了一个高亮灰度图像，如图 14-11 所示。

在这个过程中，我们希望学习能帮助我们找到可能导致损失改善（降低）的图像特定特征的过滤器。

让我们把所有的东西结合到一起，创建一个使用卷积层来分类图像的神经网络。

图 14-11 自定义过滤器生成的灰度图像

14.4 使用 CNN 进行图像分类

在这个例子中,我们将使用另一个广受欢迎的数据集 MNIST Fashion。因为许多相对简单的基于 CNN 的网络很容易就能够达到 99% 或更高的准确率,所以 MNIST 手写数字饱受争议,在这种情况下,MNIST Fashion[①] 引发了很多关注。伊恩·古德费洛(Ian Goodfellow)[②],被高引的深度学习专家,在社交媒体上表示:"机器学习社区并没有转向比 MNIST 更复杂的数据集,而是比以往任何时候都更努力地在研究它。"这导致了人们对其他数据集的探索,Zalandoc 的 10 个类别的服装分类数据集很快引起了公众的关注。

数据集中的每个图像都是一个 28×28 像素的灰度图像,每个像素都是 0 到 255 之间的整数。训练集中有 60 000 个项目,测试集中有 10 000 个项目,每个项目都属于这些类别之一:T 恤 / 上衣,裤子,套头衫,连衣裙,外套,凉鞋,衬衫,运动鞋,包和踝靴。图 14-12 展示了数据集的一小部分。

---

① 译者注:德国一家时尚科技公司,旗下的研究部门提供 Fashion-MNIST 数据集。
② 译者注:2022 年 5 月,由于苹果公司重返办公室工作的政策,伊恩辞去苹果机器学习总监的职务,回到谷歌加入了 DeepMind。2014 年 6 月,他提出生成对抗网络 GAN。他本硕连读于斯坦福大学,师从吴恩达,博士导师为 Yoshua Bengio。《机器学习》的合著者。

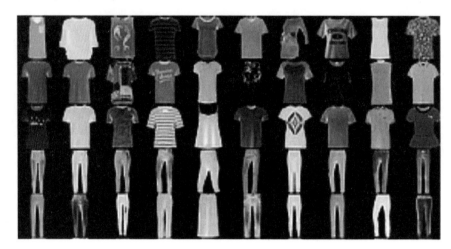

图 14-12   来自 MNIST   Fashion 数据集的数据项

在这个例子中，我们将构建一个基于 CNN 的神经网络，输出层有十个单元，它将帮助我们将一个 28×28 像素的灰度图像分类为十个类别之一。Torchvision 数据集包含下载 MNIST Fashion 数据集的 API。让我们首先导入所需的模块。

```
import numpy as np
import pandas as pd
import matplotlib.pyplot as plt
import torch
import torch.nn as nn
from torch.autograd import Variable
import torchvision
import torchvision.transforms as transforms
from torch.utils.data import Dataset, DataLoader
from sklearn.metrics import confusion_matrix
```

我们需要定义转换，将数据转换为所需的相同形状和格式。然后我们将调用 FashionMNIST() 来初始化训练和测试数据集，如果数据不存在，它将把数据下载到指定的 fashion_data 文件夹。

```
all_transforms = transforms.Compose([
        transforms.ToTensor()
    ])
train_data = torchvision.datasets.FashionMNIST ('fashion_data', train=True,
download=True, transform=all_transforms)
```

```
test_data = torchvision.datasets.FashionMNIST ('fashion_data', train=False,
transform=all_transforms)
Out: Downloading http://fashion-mnist.s3-website.eu-central-1.amazonaws. com/
train-images-idx3-ubyte.gz

Downloading http://fashion-mnist.s3-website.eu-central-1.amazonaws.com/train-images-
idx3-ubyte.gz to fashion_data_train\FashionMNIST\raw\train- images- idx3-ubyte.gz
...
```

这将安装大约 80 MB 的压缩数据。现在，我们可以用预定义的 batch_size 初始化
DataLoader() 对象。

```
train_loader = DataLoader(train_data, batch_size=64, shuffle=True)
test_loader = DataLoader(test_data, batch_size=64, shuffle=True)
```

建议调整一下 batch_size，因为如果系统资源充足，更高的 batch_size 可能更好。让
我们对一批数据项进行检查。

```
samples, labels = next(iter(train_loader))
samples.size()
Out: torch.Size([64, 1, 28, 28])
```

这证实了 samples 包含 64 个元素，每个样本的形状为 28×28。每个图像只有一个灰
度通道。Labels 包含一个大小为 [64] 的张量，其中包含一个从 0 到 9 的数字，表示每个项
目所属的类别。让我们创建一个 MNIST Fashion 标签的映射，以便在需要时参考：

```
def mnist_label(label):
output_mapping = {
            0: "T-shirt/Top",
            1: "Trouser",
            2: "Pullover",
            3: "Dress",
            4: "Coat",
            5: "Sandal",
            6: "Shirt",
            7: "Sneaker",
            8: "Bag",
            9: "Ankle Boot"
            }
label = (label.item() if type(label) == torch.Tensor else label)
return output_mapping[label]
```

让我们试试样本中的一个项目并检查其标签。

```
idx = 2
plt.imshow(samples[idx].squeeze(), cmap="gray")
print (mnist_label(labels[idx].item()))
```

可以通过更改前面 idx 变量的值来检查数据集中的其他元素。一个数据项的输出如图 14-13 所示。

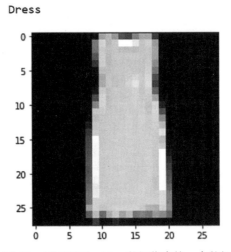

图 14-13   MNIST Fashion 数据集中的一个数据项

为了进一步探索数据，您可以在一个网格中可视化多个项目。下面这段代码将产生与图 14-14 类似的输出。

```
sample_loader = torch.utils.data.DataLoader(train_data, batch_size=10)

batch = next(iter(sample_loader))
images, labels = batch

grid = torchvision.utils.make_grid(images, nrow=10)

plt.figure(figsize=(15, 20))
plt.imshow(np.transpose(grid, (1, 2, 0)))

for i, label in enumerate(labels):
    plt.text(32*i, 45, mnist_label(label))
```

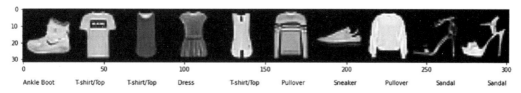

图 14-14　训练数据集中加载的 MNIST 项目及其标签

我们现在对数据有了更清晰的理解，可以开始设计神经网络了。在这种网络中，一个有意义的方面是要记住我们在每一层的输入和输出中将有张量的大小。

输入层由一个 $1 \times 28 \times 28$ 像素的图像组成。它将与一个卷积层（conv2d）连接，该层接收一个通道的输入，并通过 32 个滤波器产生 32 个通道。这个数字是可配置的，并决定了这一层的复杂度。在这一层中，我们可以使用 ReLU 作为激活函数。为了简化和确保提取的特征更加泛化并且平移不变，我们将添加一个二维的最大池化层。最大池化的大小将影响到后面层的设计。图 14-15 简要介绍了神经网络的卷积部分的结构。

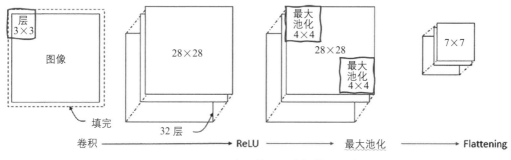

图 14-15　展示了卷积神经网络操作的示意图

这可以如下定义为：

```
convlayer = nn.Sequential(
    nn.Conv2d(in_channels=1, out_channels=32, kernel_size=3,
    padding=1),
    nn.ReLU(),
    nn.MaxPool2d(kernel_size=4, stride=4)
)
```

最大池化导致生成了一个 $32 \times 7 \times 7$ 的张量，我们可以将其转给一个密集网络（dense network）。我们将创建一个具有 $32 \times 7 \times 7$ 输入和任意 64 个输出的密集层。这也限制了下一层只能有 64 个单元。我们知道输出层需要有 10 个输出。图 14-16 简化了我们由此创建的最终网络。

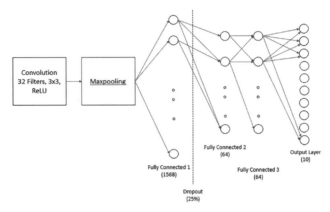

图 14-16　卷积层后跟一个包含多个全连接层的密集网络

下面就来为网络创建模型类吧。正如我们在前一章中看到的那样，我们需要在构造函数中定义单个层，并在一个叫 forward() 的方法中把它们连接在一起，该方法将在前向传播阶段计算输出。我们将使用与前一页中看到的相同的卷积层的定义。合并后的类如下所示：

```python
class FashionCNN(nn.Module):

    def __init__(self):
        super(FashionCNN, self).__init__()
        self.convlayer = nn.Sequential(
        nn.Conv2d(in_channels=1, out_channels=32, kernel_size=3,
        padding=1),
        nn.ReLU(),
        nn.MaxPool2d(kernel_size=4, stride=4)
    )

        self.fully_connected_layer_1 = nn.Linear(in_features=32*7*7, out_features=64)
        self.drop = nn.Dropout2d(0.25)
        self.fully_connected_layer_2 = nn.Linear(in_features=64, out_features=64)
        self.fully_connected_layer_3 = nn.Linear(in_features=64, out_features=10)

def forward(self, x):
    out = self.convlayer(x)
    out = out.view(out.size(0), -1)
    out = self.fully_connected_layer_1(out)
```

```
    out = self.drop(out)
    out = self.fully_connected_layer_2(out)
    out = self.fully_connected_layer_3(out)
    return out
```

可以通过初始化该类的一个对象，来查看由此创建的模型的细节。

```
model = FashionCNN()
print(model)

Out:
FashionCNN(
  (convlayer): Sequential(
    (0): Conv2d(1, 32, kernel_size=(3, 3), stride=(1, 1), padding=(1, 1))
    (1): ReLU()
    (2): MaxPool2d(kernel_size=4, stride=4, padding=0, dilation=1, ceil_
    mode=False)
  )
  (fully_connected_layer_1): Linear(in_features=1568, out_features=64,
  bias=True)
  (drop): Dropout2d(p=0.25, inplace=False)
  (fully_connected_layer_2): Linear(in_features=64, out_features=64,
  bias=True)
  (fully_connected_layer_3): Linear(in_features=64, out_features=10,
  bias=True)
)
```

我们现在可以初始化损失函数和优化器，并创建一个通用的训练过程循环了。我们将像之前一样跟踪损失和准确率。

```
error = nn.CrossEntropyLoss()
optimizer = torch.optim.Adam(model.parameters(), lr=0.005)
lstlosses = []
lstiterations = []
lstaccuracy = []
```

不过，我们也可以使用测试数据来找出测试准确率，并跟踪训练和测试准确率在训练期间的变化。训练循环将处理三个事项：（1）遍历 train_loader 并运行前向和反向传播来优化参数；（2）遍历 test_loader 来预测测试数据项的标签并记录测试准确率，而因为训练过程会相当慢；（3）打印或记录指明训练过程进度的语句。让我们创建额外的对象来跟踪测试项。

```
predictions_list = []
labels_list = []

num_epochs = 10 # Indicate maximum epochs for training
num_batches = 0 # Keep a track of batches of training data
batch_size = 100 # Configurable for tracking accuracy

for epoch in range(num_epochs):
    print ("Epoch: {} of {}".format(epoch+1, num_epochs))
    for images, labels in train_loader:
        train = Variable(images)
        labels = Variable(labels)
        outputs = model(train)
        loss = error(outputs, labels) optimizer.zero_grad()
        loss.backward()
        optimizer.step()
        num_batches += 1
        if num_batches % batch_size==0:
            total = 0
            matches = 0

            for images, labels in test_loader:
                labels_list.append(labels)
                test = Variable(images)
                outputs = model(test)

                predictions = torch.max(outputs, 1)[1]
                predictions_list.append(predictions)
                matches += (predictions == labels).sum()
                total += len(labels)
            accuracy = matches * 100 / total
            lstlosses.append(loss.data)
            lstiterations.append(num_batches)
            lstaccuracy.append(accuracy)

        if not (num_batches % batch_size):
            print("Iteration: {}, Loss: {}, Accuracy: {}%".format(num_
            batches, loss.data, accuracy))
```

这个代码块应该会运行不少时间，并间歇性地打印损失和准确率信息。

```
Out:
Epoch: 1 of 10
```

```
Iteration: 50, Loss: 0.6086341142654419, Accuracy: 76.94999694824219%
Iteration: 100, Loss: 0.5399684906005859, Accuracy: 79.62000274658203%
Iteration: 150, Loss: 0.46176013350486755, Accuracy: 82.83000183105469%
Iteration: 200, Loss: 0.3623868227005005, Accuracy: 83.23999786376953%
Iteration: 250, Loss: 0.26515936851501465, Accuracy: 85.12999725341797%
...
Iteration: 900, Loss: 0.4560268521308899, Accuracy: 86.41000366210938%
Epoch: 2 of 10
Iteration: 950, Loss: 0.3548094928264618, Accuracy: 86.93000030517578%
Iteration: 1000, Loss: 0.18031403422355652, Accuracy: 87.3499984741211%
Iteration: 1050, Loss: 0.35414841771125793, Accuracy: 87.13999938964844%
Iteration: 1100, Loss: 0.2871503233909607, Accuracy: 87.5199966430664%
...
```

为了进一步地进行实验并提高准确性，您可能会选择增加 conv2d 层或全连接层的数量。需要考虑的另一个因素是滤波器的大小，最大池化长度和全连接层中的单位数量。您可以通过如下代码添加更多的卷积层，并配置网络：

```
self.convlayer_2 = nn.Sequential(
    nn.Conv2d(in_channels=1, out_channels=32, kernel_size=3, padding=1),
    nn.ReLU(),
    nn.MaxPool2d(kernel_size=4, stride=4)
)
```

做这样的更改时，您通常需要重新考虑一下可能会受影响的各个张量的形状。由于 PyTorch API 所提供的简便性，您只需要在 forward() 中添加 convlayer_2 将如何拟合，然后 loss.backward() 和 optimizer.step() 将相应地更新参数。

由于我们在训练过程中记录了损失和准确率，所以可以使用 Matplotlib 将它们可视化，以了解模型在各个阶段的表现如何。

```
plt.plot(lstiterations, lstlosses)
plt.xlabel("No. of Iteration")
plt.ylabel("Loss")
plt.title("Iterations vs Loss")
plt.show()

plt.plot(lstiterations, lstaccuracy)
plt.xlabel("Iterations")
plt.ylabel("Accuracy")
plt.show()
```

图 14-17 中的图表显示，尽管还有进一步改进的空间，但损失在各个阶段都有所减少，准确率也有所提升。

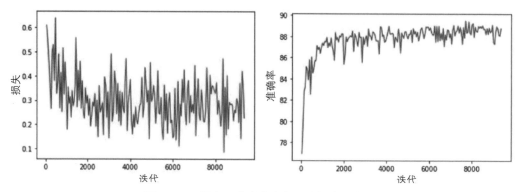

图 14-17　损失和准确率在多次迭代中的变化

模型学到的是什么呢？

在任何时候，都可以使用 model.parameters() 来访问模型的参数（权重和偏置项），它返回一个可以迭代的张量生成器，以获取所有权重。模型在初始化时就包含参数值——它们基本是随机值，会在反向传播过程中被更新。

```
list(model.parameters())[0].shape
Out: torch.Size([32, 1, 3, 3])
```

在索引 0 处返回的张量包含了卷积层的 32 个滤波器，以单通道（灰度）3×3 大小的图像的形式存在。让我们读取它们的值并进行可视化，看看卷积层实际上学到了什么。

```
filters = list(model.parameters())[0]
filters
Out: Parameter containing:
tensor([[[[ 2.7956e-01, -2.4780e-01, -2.0801e-01],
          [ 2.3427e-01, -1.0169e-01, -2.2255e-01],
          [-8.3205e-02,  4.7983e-02,  2.8062e-01]]],
        [[[ 1.4788e-02, -3.9390e-02, -9.7228e-02],
          [-2.4128e-01, -2.5705e-01,  2.2378e-01],
          [ 1.3481e-01, -2.4824e-01, -2.8518e-01]]],
...
```

上面只截取了显示了前两个滤波器的部分输出。我们可以使用 Matplotlib 来可视化这些值。输出结果如图 14-18 所示。

```
plt.figure(figsize=(20, 17))
for i, filter in enumerate(filters):
    plt.subplot(8, 8, i+1)
    plt.imshow(filter[0, :, :].detach(), cmap='gray')
    plt.axis('off')
plt.show()
```

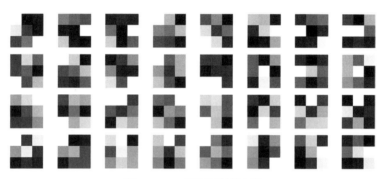

图 14-18　可视化的滤波器

更大尺寸的滤波器或者后续卷积层的滤波器甚至可以显示出更容易理解的特征，比如衬衫的领口或鞋的后跟。许多实际应用中会建立更复杂的网络，其中包含多个卷积层，后面还跟着密集层。

14.5　卷积神经网络的深度网络

卷积神经网络（CNN）最初是在 20 世纪 90 年代中期设计的，但由于当时的计算基础设施的水平，应用范围比较有限。在过去的十年里，由于深度网络中涉及多个卷积层，而 CNN 在复杂的分类数据集中表现出极高的性能，因此它再次受到了关注。

亚历克斯·克里泽夫斯基（Alex Krizhevsky）的神经网络——也称为 AlexNet——相关论文被认为是流传最广且最有影响力的论文之一，它为计算机视觉的未来方向指明了道路。这个网络被用来对 ImageNet 进行分类，ImageNet 是一个大型的图像数据库，包含了数千个类别。图 14-19 展示了原始论文中发布的 AlexNet 的结构。

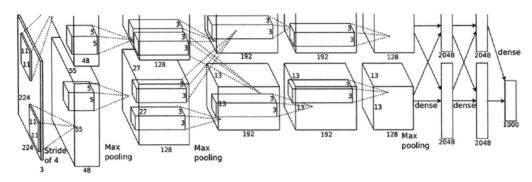

图 14-19　AlexNet 的原理图

　　AlexNet 包括了高度优化的 2D 卷积的 GPU 实现，这在五个卷积层中使用，紧接着是最大池化和一个密集网络。输出层是一个有 100 个单元的层，它产生了一个关于 1000 个类标签的分布。它利用了辛顿等人最近普及的以 0.5 的概率来防止过拟合的 dropout 层。这样的 dropout 被认为可以强制神经元不依赖于其他特定神经元，从而学习到更强大的特征。

14.5　小结

　　在本章中，我们学习了一种高度专业化的神经网络架构——卷积神经网络（CNN），并将它们应用到了图像分类的例子中。在下一章中，我们将研究另一种架构，由于实现了能够留存状态的记忆，它对于文本和语音等顺序数据非常有效。这种循环神经网络（recurrent neural network，RNN）有几个不同的类型，可以根据应用场景来选择。

第 15 章
循环神经网络

从前几章中可以看出，能够表示为向量的简单数据可以轻松提供给前馈神经网络的输入层。像图像这样更复杂的数据可以转换和压平，以向量形式作为输入发送，或者可以用于在卷积神经网络（CNN）中学习滤波器。CNN 有助于采集数据中由于像素附近存在某些值而产生的基本模式。然而，在文本、语音等数据格式中，通常会出现另一种模式，如图 15-1 所示。

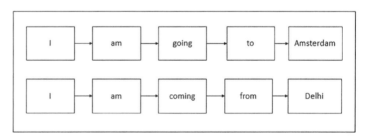

图 15-1　作为符号序列的文本

从这样的顺序数据格式中，我们可以观察到，从时间步（例如，基于音频的时间片（time slice），或者文本中的逐个字符）的角度来看，如果其中一步的数据发生了改变，那么当前步和前一步（或几步）之间的数据模式就会导致不同的意义。

循环神经网络（RNN）是一种专门处理时间序列数据的神经网络。在本章中，我们将学习 RNN 的基本单元的结构，以及它们如何融入更大的神经网络。

我们还将研究像 LSTM 这样的专业化 RNN 单元，它们在机器翻译、文本到语音生成、语音识别等任务上打破过记录。

15.1　循环单元

　　循环神经网络接受提供的输入数据块，并使用内部状态生成输出。内部状态是根据之前的内部状态和输入计算的，因此我们可以认为，神经网络中一个循环单元的上一步输出间接地决定了当前步的输出。从某种意义上来说，如果我们这么理解的话，那么循环神经网络就会在下一个时间步（time step）获取部分输出作为输入。

　　假设在特定时间戳（timestamp）获取的数据以 D 维向量的形式存在。那么，在时间步索引 1，$x(1)$ 是大小为 D 的输入向量，紧接着是位于时间步索引 2 的 $x(2)$，以此类推，直到在时间步索引 T 处的 $x(T)$。它表示数据集中的一个样本，以 $T \times D$ 形状的矩阵的形式显示，如图 15-2 所示。对于这样的 N 个样本，你可以假设数据以 $N \times T \times D$ 形状的矩阵的形式显示。

　　从最简单的层面上来讲，就像在前几章中看到过的那样，每个单元的输入都应用于一个加权函数。这些权重通过时间被共享，并应用于每个输入以及前一步的输出。这个操作可以表示为图 15-3 中的样子。

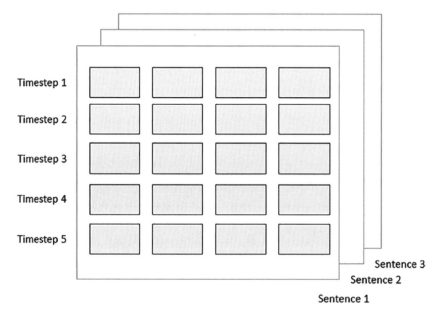

图 15-2　文本以跨时间步的向量的形式表示

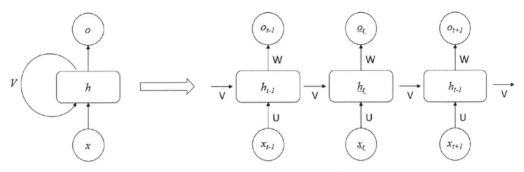

图 15-3 在时间步中展开 RNN 单元

图 15-3 左侧的部分显示,输入 x 被传入与权重 W 相乘的循环单元格,从而产生了输出 o。当如右侧部分所示的递归随着时间而展开时,你可以看到三个时间步,它们的输入分别是 x_{t-1},x_t 和 x_{t+1}。在步骤 t 中,在隐藏层中进行的操作可以表达为:

$$h^{(t)} = f\left(h^{(t-1)}, x^{(t)}; W\right)$$

通过时间展开的扩展,导致现在看起来类似于具有多个隐藏层的前馈网络,每个隐藏层都代表在一个时间步中进行的操作。这个扩展取决于序列长度以及由 batch 的大小决定的组合数量。

你可以把展开后的结构看作一个前馈网络。在训练阶段,我们的目标是通过计算与实际输出标签相对应的预测的损失来学习权重,并在此基础上计算反向传播的梯度,这将调整权重以在下一次迭代中产生更好的预测。

如果展开所有输入时间步,那么我们将把网络扩展成一个结构,其中,每个时间步的输入通过具有公共权重的隐藏层产生输出。在这种技术中,每个时间步可以被看作是隐藏层的一个扩展,其中,前一时间步的内部状态被用作输入。每个时间步都有一个输入时间步,一个神经网络副本,和一个输出。随后,每个时间步的误差将被计算并累加。神经网络被回卷,权重被更新。这称为时间反向传播(backpropagation through time,BPTT)。

我们会发现,由于链式法则,我们经常会看到非常小的值重复进行相似的乘法运算,这可能导致结果接近 0 或无穷大。我们将在之后讨论这个问题以及一个常用的解决方案。

15.2 RNN 的类型

序列问题各不相同，但 RNN 背后的理念为我们提供了丰富的想法，以创建用于解决各种问题的循环神经网络。根据情况，RNN 可以采取不同的形式，这决定了对于特定问题要使用的 RNN 类型。图 15-4 简要展示了下文中将讨论的不同类型 RNN 的结构。

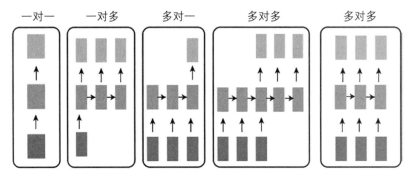

图 15-4 循环神经网络的类型

15.2.1 一对一

一对一形式不需要循环单元，每个输入都被一个隐藏层使用，其后是输出层。这种类型的循环神经网络是处理固定大小的输入和输出的简单神经网络，它们与之前的信息 / 输出无关。

15.2.2 一对多

这种类型的循环神经网络接受固定大小的输入，并产生数据序列作为输出。它们常被用于解决图像字幕和音乐生成等问题。输入的大小是静态的，比如一张图像，而输出是一个单词序列。

15.2.3 多对一

这种类型的循环神经网络接受信息序列作为输入并产生固定大小的输出。因此，输入应该是单词序列或音频信号，这可能产生固定大小的输出，比如情感极性（积极或消极标签）。

15.2.4　多对多

多对多的 RNN 分为两种类型。第一种类型是输入大小等于输出大小的 RNN，因此输入序列的每个项目都产生一个输出。一个常见的例子是序列标注或实体识别（entity recognition）。对于句子中的每个单词，我们都会生成标签，比如人名、地点、组织或其他单词。另一种类型的 RNN 可能产生和输入序列大小不同的输出序列。这在机器翻译中非常有帮助，其中一种语言中的每个单词可能无法直接对应于另一种语言中的一个单词，但是单词在序列中的存在方式在目标语言中产生了意义。

也就是说，根据配置，循环神经网络能够处理任意长度的输入并相应地生成输出。然而它们面临的一个主要问题是，无论在时间步上，神经网络都只能利用当前和过去的输出，而不能基于未来的输入做出任何改变。不过，对于大多数应用而言，使用 RNN 构建一个用来采集历史信息的模型已经足够了。我们将在未来的小结中再次回顾这些情景。

15.3　Python 中的 RNN

PyTorch 提供了一个 RNN 实现，它需要循环层的参数，并可以作为更大网络的一部分被添加。它将权重和偏置项应用到输入数据上，并将其与加权隐状态结合，最后对其应用非线性函数（ReLU 或 tanH）。这为下一个输入提供了隐状态。

让我们从一个接受数字序列的简单例子开始看起。首先，将导入所需库。RNN 被定义在 torch.nn 下。

```
import torch
import torch.nn as nn
import torch.optim as optim
import numpy as np
from torch.utils.data import Dataset, DataLoader
```

让我们创建一个简单的序列作为张量。

```
data = torch.Tensor([1, 2, 3, 4, 5, 6, 7, 8, 9, 10, 11, 12, 13, 14, 15, 16,
17, 18, 19, 20])
print("Data: ", data.shape, "\n\n", data)

Out:
Data: torch.Size([20])
```

```
tensor([ 1., 2., 3., 4., 5., 6., 7., 8., 9., 10., 11., 12., 13., 14., 15.,
16., 17., 18., 19., 20.])
```

为了定义一个简单的 RNN，我们需要定义序列长度，批大小（batch size），和输入大小。在这个例子中，我们将根据序列中的五个连续数字来预测接下来的两个数字。

我们的数据很简单，只有一列，而需要解决的问题是，我们必须观察五个输入的序列长度来预测接下来的两个输出。

```
INPUT_SIZE = 1
SEQ_LENGTH = 5
HIDDEN_SIZE = 2
NUM_LAYERS = 1
BATCH_SIZE = 4
```

在大部分情况下，一个或多个 RNN 层将是一个大型神界网络的一部分，该网络以一个输出层收尾。根据指定了网络中的层的超参数，我们可以用以下命令定义 RNN 层：

```
rnn = nn.RNN(input_size=INPUT_SIZE, hidden_size=HIDDEN_SIZE, num_layers = 1,
batch_first=True)
```

我们可以将数据用作输入，并使用以下方法获得输出和隐状态。输入的大小取决于批大小，序列长度，和输入大小，这些都是我们之前定义的参数。nn.RNN() 也可以接受隐藏层的预设值，如果没有指定，则默认均为 0。

```
inputs = data.view(BATCH_SIZE, SEQ_LENGTH, INPUT_SIZE)
out, h_n = rnn(inputs)
```

我们由此收到的输出是一个张量，它包含来自最后一个 RNN 层的所有时间步的 RNN 的输出。它的大小是"序列长度，批，num_directions * 隐藏大小"，其中，如果是双向循环神经网络（bidirectional RNN），则 num_directions 为 2，否则为 1。

15.4   长短期记忆

正如我们在前文中看到的那样，随着神经网络的扩大，RNN 将无法成功地传播梯度，这些梯度往往会变为 0（或在某些情况下，变为无限值），从而导致梯度消失的问题。这个问题在接受一个长序列（例如产品评价或博客文章中的长句子）作为输入时非常明显。

请看下面这个例子：

I didn't go to Amsterdam this year but I was there during the Summer last year and it was quite crowded everywhere in the city.

（我今年没去阿姆斯特丹，但我去年夏天在那里，当时整个城市人山人海。）

并非所有单词都与解释句子的含义有关。但在浏览整个句子时，知道"城市"一词和"阿姆斯特丹"一词指向的是同一实体是至关重要的。如图 15-5 所示，长期依赖（long dependencies）是应该保留的。

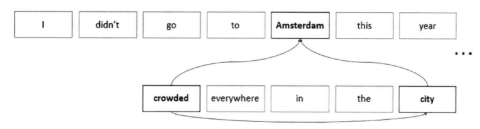

图 15-5　长句子可能连接着长期依赖关系

在 RNN 中，当前时间步的输入和在前一个时间步中计算的隐状态被结合起来并被传入 tanh 激活函数。由此生成的输出也被用作下一个时间步的隐状态。长短期记忆，或称 LSTM，是一种通过允许梯度不变的方式部分来解决梯度消失问题的架构。LSTM 单元被专门构造得能够记忆序列中重要的部分，从而只保留相关信息来进行预测。

LSTM 设计为持有一个可以称为 memory（记忆）的单元状态。因为单元持有 memory，所以来自早期时间步的信息可以被传递到后期时间步中，从而在序列中保留长期依赖关系。memory block 是由"门（gate）"控制的，门是决定在训练期间应保留还是遗忘哪些信息的简单操作。这是通过在单元内的某些计算上应用 sigmoid 激活函数来实现的，对于提供给它的任何负值，它都会输出 0，从而实现遗忘信息的概念。

15.4.1　LSTM 单元

LSTM 单元的结构如图 15-6 所示。接收输入的 LSTM 单元的第一部分称为"遗忘门（forget gate）"。遗忘门决定应该保留还是遗忘（或者说，丢弃）信息，它将前一个时间步的隐状态和当前输入相结合，并将它们传入 sigmoid 函数。无论遗忘与否，与前一个隐状态结合的输入都将被传入 sigmoid 函数和 tanh 函数。tanh 函数的输出担任候选，可以被进一步传播，而 sigmoid 函数的输出则担任评估函数，决定值的重要性。然后，tanh 输出将与 sigmoid 输出相乘。这部分的 LSTM 单元被为输入门（input gate）。

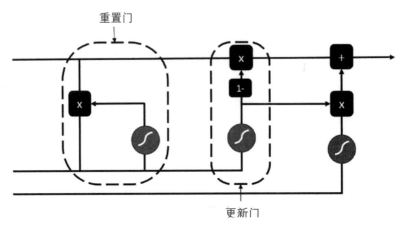

图 15-6　循环神经网络单元的结构

遗忘门的输出是一个向量，它与前一个单元状态相乘，从而使应该被遗忘的值变为 0。我们将其添加到通过结合在输入门获得的值而计算出的向量中，从而提供一个新的单元状态。

LSTM 单元的输出将会成为隐状态，并在下一步与输入相结合。同时，单元状态在没有进一步变换的情况下被传播到下一步。输出门（output gate）将候选项（先前的隐状态和当前输入，其后是一个 sigmoid 激活函数）和刚计算出的单元状态结合到一起，然后对其执行乘法来应用 tanh 激活函数，形成下一个隐状态。

15.4.2　时间序列预测

在这个例子中，我们将使用一个公开可用的数据源，其中包含有关 COVID-19 疫情相关统计信息的信息。COVID-19 疫情是一场全球性疫情（在写这本书的时候，疫情仍在持续），是由严重急性呼吸综合症冠状病毒 2 引起的。自从在 2019 年 12 月首次被发现后，它迅速在全球范围内蔓延，造成了数百万人死亡和住院。

COVID-19 疫情促使公共医疗卫生领域开始更多地使用数据分析。一个常见用例是预测新冠病例的未来增长，以便相应地为医疗卫生系统做规划。在接下来的练习中，我们将使用一个含有各个国家的 COVID 统计数据的数据库。具体的细节是根据日期指定的，因此可以对连续的变化进行建模和学习。

本例使用的数据可以从欧洲疾病预防控制中心（European Centre for Disease Prevention and Control）的官方网站上获得，[①] 不过也可以使用来自任何可靠来源的较新的数据。可以在他们的官网上下载 CSV 文件，或者在终端（如果是 Linux 系统的话）或 Jupyter Notebook 中使用 wget 命令。在 Jupyter Notebook 中，命令行的开头处需要使用"！"符号。

```
!wget https://opendata.ecdc.europa.eu/covid19/casedistribution/csv/data.csv
```

如果系统中没有安装 wget 的话，你会收到下面这样的错误信息：

```
'wget' is not recognized as an internal or external command,
operable program or batch file.
```

在这种情况下，你可以安装 wget 或从网站上下载 CSV 文件，并将文件移动到方便从 Jupyter Notebook 中访问的位置。有了数据之后，就可以导入需要用到的包了：

```
import numpy as np
import matplotlib.pyplot as plt
import pandas as pd
import torch
import torch.nn as nn
from torch.autograd import Variable
from sklearn.preprocessing import MinMaxScaler
```

接下来可以使用 read_csv() 将数据加载为 Pandas 数据框架：

```
covid_data = pd.read_csv("data.csv")
covid_data
```

数据集包含 61900 行和 12 列。图 15-7 是数据框架的截图。请注意，如果这个数据集以后更新了的话，数据可能会有所变化。

---

① www.ecdc.europa.eu/en/publications-data/download-todays-data-geographic-distribution-covid-19-cases-worldwide

	dateRep	day	month	year	cases	deaths	countriesAndTerritories	geoId	countryterritoryCode	popData2019	continentExp	Cumulativ
0	14/12/2020	14	12	2020	746	6	Afghanistan	AF	AFG	38041757.0	Asia	
1	13/12/2020	13	12	2020	298	9	Afghanistan	AF	AFG	38041757.0	Asia	
2	12/12/2020	12	12	2020	113	11	Afghanistan	AF	AFG	38041757.0	Asia	
3	11/12/2020	11	12	2020	63	10	Afghanistan	AF	AFG	38041757.0	Asia	
4	10/12/2020	10	12	2020	202	16	Afghanistan	AF	AFG	38041757.0	Asia	
...	...	...	...	...	...	...						
61895	25/03/2020	25	3	2020	0	0	Zimbabwe	ZW	ZWE	14645473.0	Africa	
61896	24/03/2020	24	3	2020	0	1	Zimbabwe	ZW	ZWE	14645473.0	Africa	
61897	23/03/2020	23	3	2020	0	0	Zimbabwe	ZW	ZWE	14645473.0	Africa	

图 15-7   在 Jupyter Notebook 中加载的数据集

为了给这个用例设定限制，我们将尝试只对一个国家的病例数据进行建模。为了过滤数据，我们将只选择 countryterritoryCode 为 "USA" 的行。

```
covid_data[covid_data['countryterritoryCode']=='USA']
```

在此之后，我们需要通过以下代码索引日期列（dateRep）和 cases：

```
data = covid_data[covid_data['countryterritoryCode']=='USA'] [['dateRep', 'cases']]
```

现在，数据中只包含来自被过滤国家的两个列。由于世界各地所用的日期格式不同，并且日期已经像其他字段一样被加载为对象，而不是日期/时间字段，所以我们需要对它进行进一步的处理。

```
data['dateRep'] = pd.to_datetime(data['dateRep'], format="%d/%m/%Y")
```

数据对象可以按日期升序排序，以便让起始日期位于顶部，那时病例基本上为 0。我们还将把日期列转换为索引。

```
data = data.sort_values(by="dateRep", key=pd.to_datetime)
data = data.set_index('dateRep')
```

现在，data 对象应该看起来与图 15-8 中显示的截图类似。

dateRep	cases
2019-12-31	0
2020-01-01	0
2020-01-02	0
2020-01-03	0
2020-01-04	0
...	...
2020-12-10	220025
2020-12-11	224680
2020-12-12	234633
2020-12-13	216017
2020-12-14	189723

图 15-8　显示了美国 COVID-19 病例的增长的部分数据框架

让我们快速可视化一下 2020 年美国的病例增长情况。

```
fig = plt.gcf().set_size_inches(12,8)
plt.plot(data, label = 'Covid-19 Cases in the US')
plt.show()
```

图 15-9 显示，最初的数字接近 0，但到了 4 月，数字开始增加，并在年底超过了 20 万。在序列建模中，我们假设可以根据前几天的数字变化来预测一个特定日期的数字。

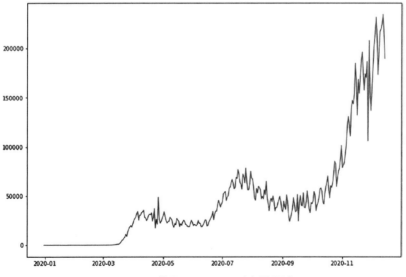

图 15-9　美国 COVID-19 病例的图表

正如我们之前看到的那样，我们需要找到序列的"chunk"。比如说，数据来自从星期日开始算起的某个星期。在文本数据中，n-grams（其中，最常见的是二元和三元）广受欢迎。不过，字符 chunk 和字符 n-grams 现在也适用于能用 RNN/LSTM 解决的问题。

在这个问题中，我们也想预测下一个元素；也就是说，1，2，3 应该跟着 4。块会看起来有点不同，如图 15-10 所示

我们将创建一个函数，该函数接受一个 NumPy 数组和一个定义序列长度的整数，并返回所述长度的 chunk。例如，[1，2，3，4，5，6] 的序列长度为 3，应生成如下 chunk：[1，2，3]，[2，3，4]，[3，4，5]，和 [4，5，6]。然而，在这个问题中，我们还想预测下一个元素；也就是说，"1，2，3"之后还应该有"4"。这样的 chunk 会稍微有一些区别，如图 15-10 所示。

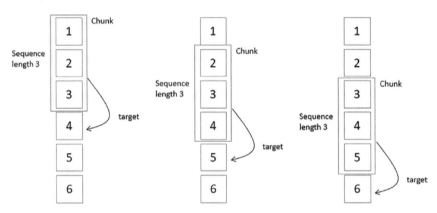

图 15-10   用于预测下一个数据项的长序列的窗口，或者说 chunk

以下是其中一种可能的实现：

```
def chunkify(data, seq_length):
    chunks = []
    targets = []

    for i in range(len(data)-seq_length-1):
        chunks.append(data[i:(i+seq_length)])
        targets.append(data[i+seq_length])

    return np.array(chunks),np.array(targets)
```

序列中的每个数字都是一个数据元素，因此可以将数组调整为 n×1 的形状。如此一来，我们就可以继续进行以下调用了：

```
(array([[[1],
         [2],
         [3]],

        [[2],
         [3],
         [4]]]),
 array([[4],
        [5]]))
```

数据预处理也需要把数据缩放到适当的值。我们可以使用 MinMaxScaler。我们将使用 80% 的数据作为训练集，并保持序列长度为 5。

```
sc = MinMaxScaler()
training_data = sc.fit_transform(data.values.copy())
seq_length = 5
x, y = chunkify(training_data, seq_length)
train_size = int(len(y) * 0.8)
test_size = len(y) - train_size
```

在继续之前，我们需要将数据集转换为张量。我们可以将 chunk 和目标转换到 train_size 索引，以便与 PyTorch 网络一起使用。

```
dataX = Variable(torch.Tensor(np.array(x)))
dataY = Variable(torch.Tensor(np.array(y)))

trainX = Variable(torch.Tensor(np.array(x[0:train_size])))
trainY = Variable(torch.Tensor(np.array(y[0:train_size])))

testX = Variable(torch.Tensor(np.array(x[train_size:len(x)])))
testY = Variable(torch.Tensor(np.array(y[train_size:len(y)])))
```

在神经网络中，我们将定义一个 LSTM 层，其后是一个全连接层。在 PyTorch 中，LSTM 是在 torch.nn 中定义的。它接受输入大小、隐状态特征大小和循环层数等参数。如果指定了 num_layers 参数，那么模型将堆叠这个数量的 LSTM，使第一个 LSTM 的输出被提供给第二个 LSTM，以此类推。因为这是一个回归问题，所以可以将均方误差用作评估标准，它在回归问题中被广泛使用。

下面就来创建一个模型类。我们需要定义各个层。我们将保持一个简单的结构，首先是一个 LSTM 层，然后是全连接的输出层。在 forward() 方法中，我们将首先创建一个隐状态和单元记忆，它们都被初始化为 0。LSTM 的输出将被应用于全连接层并作为输出返回。

```python
class CovidPrediction(nn.Module):
    def __init__(self, num_classes, input_size, hidden_size, num_layers):
        super(CovidPrediction, self).__init__()
        self.num_classes = num_classes
        self.num_layers = num_layers
        self.input_size = input_size
        self.hidden_size = hidden_size
        self.seq_length = seq_length
        self.lstm = nn.LSTM(input_size=input_size, hidden_size=hidden_size,
                            num_layers=num_layers, batch_first=True)
        self.fully_connected = nn.Linear(hidden_size, num_classes)

    def forward(self, x):
        h0 = Variable(torch.zeros(self.num_layers, x.size(0), self.hidden_size))
        c0 = Variable(torch.zeros(self.num_layers, x.size(0), self.hidden_size))
        ula, (h_out, _) = self.lstm(x, (h0, c0))
        h_out = h_out.view(-1, self.hidden_size)
        out = self.fully_connected(h_out)
        return out
```

我们可以如下查看模型的结构：

```python
model = CovidPrediction(1, 1, 4, 1)
print(model)
CovidPrediction(
  (lstm): LSTM(1, 4, batch_first=True)
  (fully_connected): Linear(in_features=4, out_features=1, bias=True)
)
```

这个模型相当简单，其中包含一个 LSTM 层和一个全连接层。接下来，我们将定义优化器和损失函数，并运行训练循环。

```python
num_epochs = 1000
learning_rate = 0.01

model = CovidPrediction(1, 1, 4, 1)

criterion = torch.nn.MSELoss()
optimizer = torch.optim.Adam(model.parameters(), lr=learning_rate)

for epoch in range(num_epochs):
    outputs = model(trainX)
```

```
    loss = criterion(outputs, trainY)
    loss.backward()
    optimizer.step()
    if epoch % 100 == 0:
      print("Iteration: %d, loss:%f" % (epoch, loss.item()))
```

训练循环将显示损失随着时间的推移而发生的变化。如下所示:

```
Iteration: 0, loss:0.162355
Iteration: 1, loss:0.162353
Iteration: 2, loss:0.162353
Iteration: 3, loss:0.162353
Iteration: 4, loss:0.162353
```

训练完成之后,我们就可以预测每个包含 5 个值的 chunk 之后跟着的目标值了。换句话说,我们将通过查看连续 5 天的 COVID-19 感染人数,预测第 6 天的感染人数。

为了将模型预测未来病例的准确性可视化,让我们预测训练数据集中所有可能的 chuck,并将它们与训练数据集中的实际值进行比较。

```
model.eval()
train_predict = model(dataX)
```

我们需要将值转换为 NumPy 数组。

```
data_predict = train_predict.data.numpy()
data_actual = dataY.data.numpy()
```

由于先前的数据使用了 MinMax 变换进行了缩放,我们需要应用逆变换来得到实际的值

```
data_predict = sc.inverse_transform(data_predict)
data_actual = sc.inverse_transform(data_actual)
```

让我们将其可视化并对比一下。图 15-11 展示了以下代码的输出。可以看到,在后面部分中,模型结果与实际情况有所偏差,这是因为训练数据中的值限制了模型的预测能力。

```
fig = plt.gcf().set_size_inches(12,8)
plt.plot(data_actual)
plt.plot(data_predict)
plt.suptitle('')
plt.legend(['Actual cases in 2020', 'Predicted cases (latter 20% not in
training) '], loc='upper left')
```

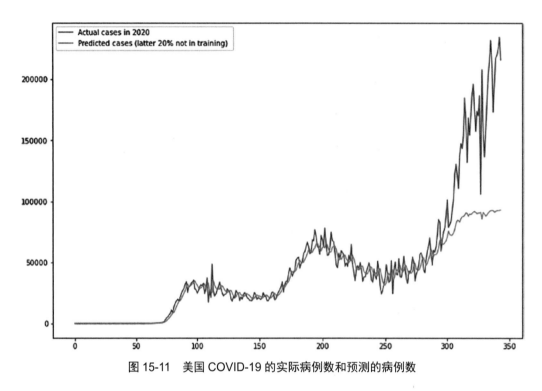

图 15-11   美国 COVID-19 的实际病例数和预测的病例数

尽管对大部分数据而言，模型看起来是可靠的，但是由于数据的性质（COVID 病例数仍在持续增加），模型无法捕捉到这些峰值。主要原因有两个：首先，缩放会限制模型对极高的值的理解；其次，训练数据中没有足够的峰值模式。

在后续的运行中，我们对美国的全部训练数据进行了 5000 个 epoch 的训练，并将模型应用到了印度的 COVID-19 统计数据上，得到了与实际情况十分接近的预测。

```
data = covid_data[covid_data['countryterritoryCode']=='IND'] [['dateRep', 'cases']]
data['dateRep'] = pd.to_datetime(data['dateRep'], format="%d/%m/%Y")
data = data.sort_values(by="dateRep", key=pd.to_datetime)
data = data.set_index('dateRep')
```

为了进行预测，我们将修改预测代码块中的相关部分。

```
sc = MinMaxScaler()
seq_length = 5
training_data = sc.fit_transform(data.values.copy())
x, y = chunkify(training_data, seq_length)
dataX = Variable(torch.Tensor(np.array(x)))
dataY = Variable(torch.Tensor(np.array(y)))
```

我们将使用相同的块进行评估。

```
model.eval()
train_predict = model(dataX)

data_predict = train_predict.data.numpy()
data_actual = dataY.data.numpy()

data_predict = sc.inverse_transform(data_predict)
data_actual = sc.inverse_transform(data_actual)

fig = plt.gcf().set_size_inches(12,8)
plt.plot(data_actual)
plt.plot(data_predict)
plt.suptitle('')
plt.legend(['Actual Covid-19 cases in India in 2020', 'Predicted cases of
Covid-19'], loc='upper left')
```

图 15-12 展示印度实际的新冠病例数与预测的新冠病例数的对比。可以看到，模型能
够准确地预测 COVID-19 的病例数。可以试着为其他序列数据以及字符 n-gram 级别的文
本构建类似模型。

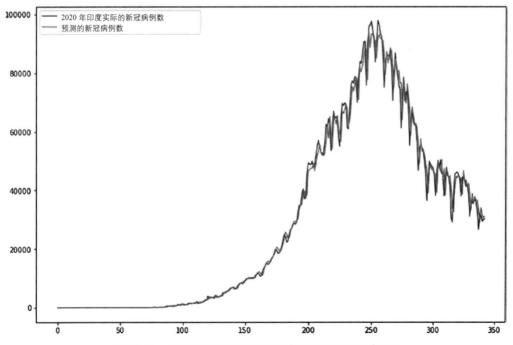

图 15-12　印度 COVID-19 实际的病例数和预测的病例数

15.5　门控循环单元

在过去的十年里，循环神经网络和长短期记忆得到了广泛的应用，它们促进了更多序列建模架构的出现。其中一种架构是由 Kyunghyun Cho 等人在 2014 年提出的门控循环单元（gated recurrent unit，GRU）。GRU 的结构如图 15-13 所示。

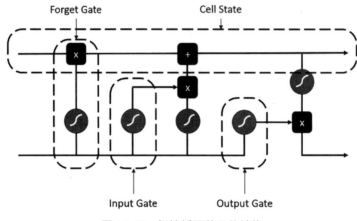

图 15-13　门控循环单元的结构

GRU 引入了一个更新门（update gate），它决定应添加或丢弃哪些新信息，以及一个重置门（reset gate），它会丢弃一部分过去的信息。这与 LSTM 相似，但没有输出门，并且参数更少，因此训练速度相对更快。GRU 在音乐建模、语音建模和自然语言处理等领域非常流行。PyTorch 在 nn.GRU() 下提供了 GRU 的实现。

15.6　小结

这一章中，我们学习了循环神经网络和长短期记忆，以及它们如何帮助采集数据的序列特性。经过一些调整后，它们可以在整个序列中保留关系。前面的几章介绍了一些较为先进的工具，它们常被用来构建机器学习和人工智能领域的最新技术。

在下一章中，我们将把这些内容都整合在一起，讨论如何构建、规划、实现和部署数据科学和人工智能项目。

第 16 章

项目实战

本书的前面几章介绍了数据分析方法、特征提取技术、传统机器学习和深度学习技术。我们已经对数值、文本和视觉数据进行了多次实验，了解了如何分析和调整性能。

如果是大型团队中的一员，而且团队想要解决一个业务问题或学术问题，或是构建一个将由数百万用户使用的 AI 驱动的复杂软件，就需要以最终的目标为起点来规划项目，如图 16-1 所示。在这种情况下，需要考虑数据科学的管理和工程方面的问题。

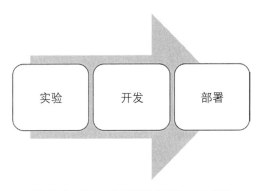

图 16-1　机器学习项目成功部署的实践

在这一章中，我们将讨论规划数据科学和人工智能项目的策略、使模型持久化的工具，以及将模型托管为微服务，以适用于不断发展的应用的方法。

16.1　数据科学生命周期

数据科学和人工智能项目是复杂的，很容易纠结于琐碎的细节，或者过于关注模型的创建和托管，而忽视了长期愿景。每个数据科学项目都各不相同，并且可能会使用不同的框架和流程进行管理——然而，所有项目的步骤都是类似的（图 16-2）。

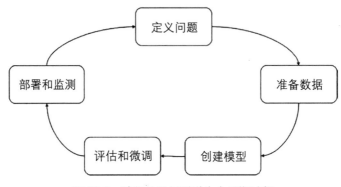

图 16-2　迭代的数据科学生命周期过程

这个过程通常从着眼于业务或研究目标的定义开始，然后制定出能够准确定义要解决的问题的工件。这会让我们对所需数据有一个明确的理解，这随后将扩展到对数据源的分析、获取数据所需要的技术专业知识和成本，以及评估数据在支持实现业务目标方面的表现。获取了数据之后，我们可能需要对其进行清洗、预处理，甚至在某些情况下，还需要合并多个数据源以提高数据质量。

下一个步骤是创建模型。我们需要根据业务目标和技术限制来决定什么类型的解决方案可能适用于这个问题。我们通常会从基本的特征工程和开箱即用的解决方案（out-of-the-box solution）开始，做一些简单的实验，然后进行更全面的模型开发。根据数据的类型、选择的解决方案以及计算能力的可用性，开发和训练可能分别需要几个小时到几天的时间来完成。这个过程与全面的评估和调整密切相关。

这个生命周期不是一个严格的结构，而是站在高层次的视角展示这个过程。这种流程的目标是提供一系列涉及的标准步骤，以及对各个步骤所需信息的详细说明，还有由此产生的交付物和文档。其中一个广为流行的框架是 CRISP-DM。

16.1.1　CRISP-DM 流程

CRISP-DM（CRoss Industry Structured Process for Data Mining，跨行业数据挖掘标准流程）是一个流程框架，定义了数据密集型项目中的常见任务。这些任务是在一系列阶段中完成的，其目标是为数据挖掘应用创建可重复的流程。CRISP-DM 是一个开源标准，全球有数百家大型企业开发和遵循着这个标准。它最初是在 1996 年提出的，在欧盟委员会的赞助下，人们随后成立了 CRISP-DM 特别兴趣小组，并且举办了一系列工作坊，在过去的几十年间，这些工作坊定义和完善了 CRISP-DM 所涉及的流程和工件。

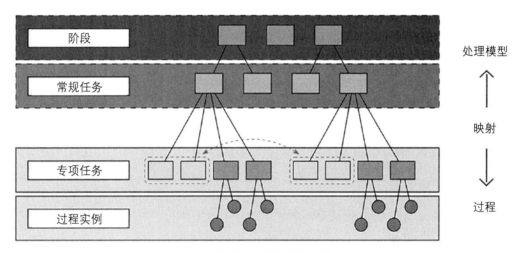

图 16-3　CRISP-DM 方法

图 16-3 展示了这个流程模型是如何在四个抽象层次上设计的。在最顶层，各个阶段（phase）定义了许多具有明确定义、完整且稳定的通用任务（generic task），这些任务作为专项任务（specialized task）被执行。假设有一个名为"收集用户数据"的通用任务，它可能需要一些专项任务，比如（1）从数据库中导出用户表格；（2）使用外部服务确定用户位置；（3）通过 API 从用户的领英个人资料中下载数据。第四个层次则涵盖了特殊任务的实际执行，还涵盖了执行任务的具体行动、决定和结果的记录。

CRISP-DM 模型中有六个阶段。以下几个小节将分别对各个阶段进行说明。

阶段 1：业务理解

在深入项目之前，首先需要从利益相关方的角度来理解项目的最终目标。如果不在这个阶段分析可能存在的冲突目标，那么就可能导致不必要的重复成本。在这个阶段结束时，我们应该已经建立一套明确的业务目标和业务成功标准。我们还要在评估情况的过程中分析资源可用性和风险。完成上述步骤之后，我们将从技术数据挖掘的角度定义项目目标，并制定项目计划。

阶段 2：数据理解

这个阶段涉及收集初始数据的任务。大多数项目需要从多个来源整合数据，这可以在这一阶段或下一阶段进行。然而，这里的关键在于创建一个初步的数据收集报告，解释数据是如何获取的，以及在获取过程中遇到了哪些问题。这一阶段的任务还包括数据探索、描述数据以及验证数据质量。数据质量方面的所有潜在问题都必须得到解决。

阶段 3：数据准备

数据准备阶段假设我们已经获取和研究了初始数据，并规划了潜在的风险。这个阶段的最终目标是生成可供建模或分析使用的数据集。另一个额外的工件将描述数据集。

在这个阶段中，我们需要挑选数据集，并对记录下每个数据集入选或落选的原因。接下来我们要进行数据清洗，这个过程将提升数据的质量。这还可能涉及转换、派生更多属性或丰富数据集。清洗、转换和整合后，数据将被格式化，以便于在未来的阶段中加载。

阶段 4：建模

在建模阶段，我们将基于迄今学过的各种建模和机器学习技术，构建和评估各式各样的模型。首先，我们将选择要使用的建模技术。根据您希望探索和评估的不同建模方法或算法，这个任务会有不同的实例。您会生成一个测试设计，建立模型，进行全面的评估，并评估模型与系统的技术需求的契合程度。

阶段 5：评估

评估阶段主要考虑的是哪个模型满足商业需求。这个阶段所涉及的任务是在实际应用中测试模型，并评估生成的结果。之后，我们将在回顾过程中对数据挖掘进行全面评估，以确定是否有其他应该涵盖的重要因素或任务。最后，我们将确定下一步行动，决定模型是否需要进一步调优，还是要转向模型的部署。到这个阶段结束时，我们应该已经记录了模型的质量，以及接下来可能需要采取的行动的列表。

阶段 6：部署

部署是将到目前为止完成的工作带到实际应用中。根据业务需求、组织政策和工程需求，这个阶段可以有很大的不同。首先要做的是规划部署，这涉及制订包含部署策略的部署计划。我们还需要制订一个详尽的监控和维护计划，以避免在端到端项目启动后出现问题。最后，项目团队需要记录项目概要，并举办项目回顾会议，讨论并记录哪些方面做得好，哪些方面有待改进，以及未来如何做出改进。

在实践中，大多数组织将这些阶段作为指导原则，并根据自己的预算、治理要求和需求创建自己的流程。许多小规模的团队可能没有遵循这些步骤，而是陷入了迭代开发和改进的长期循环之中，无法避免一些问题。而如果提前研究并妥善规划和处理的话，这些问题本来是可以避免的。

在本章的下一部分中，我们将学习数据科学和人工智能项目的开发和部署技术。

16.2　如何提供 ML 应用

模型创建完成后，它需要被集成到更大的企业应用中。最常见的提供模型的形式是作为一个服务或一个微服务提供。这种架构（图 16-4）的目标是将预测／推理过程的整个工作流，包括数据准备、特征提取、加载先前创建的模型、预测输出值和日志记录等封装在一个易于使用的接口中。这些接口通常作为网络服务器中的一个端点提供。

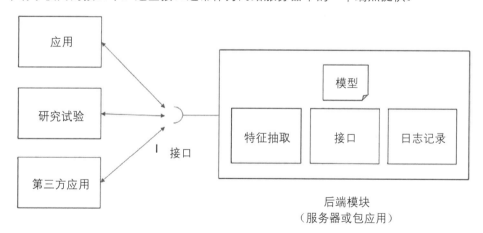

图 16-4　将 ML 模型作为微服务提供

在更大型的应用中，为了便于部署，这些服务器通常通过 Docker 部署在云端。部署、监控和维护 AI 应用的机器学习模型的概念正在以 MLOps 的形式扩展到结构化的概念中。

接下来，我们将开展一个小项目，该项目最终将作为 ML 应用被托管。

16.3   通过实践学习

在这个小项目中，我们将使用 PyTorch 构建一个情感分析工具，目标是通过实验模型架构来实现相对较好的性能，保存参数，并使用 flask 进行托管。

首次尝试进行情感分析的是在 1961 年发布的 General Inquirer 系统。情感分析中的典型任务是文本极性分类，其中有意义的类是积极（positive）和消极（negative），有时还有一个中性（neutral）类。随着计算能力、机器学习算法和深度学习的进步，情感分析在许多情况下都变得更加准确和普遍了。

16.3.1   定义问题

情感分析是一个广阔的领域，涵盖了识别情绪、观点、心情和态度等问题。它有许多名称，任务也略有不同，例如，情感分析、观点挖掘、观点提取、情感挖掘、主观分析、情绪分析、评论挖掘等。

在这个问题中，我们将构建一个模型，用于将电影评论分类为积极、消极或中性。在传统的机器学习方法中，特征工程将是最主要的任务。特征向量是分类算法作为输入接收的实际内容（文档、推文等）的代表。在问题的背景下，更容易理解特征的意义（除了作为一个属性以外）。特征是在解决问题时可能有所帮助的特性（characteristic）。

在深度学习解决方案中，我们可以使用嵌入或字符序列。但首先，我们必须获得数据。

在某些情况下，可能会通过数据库日志收集数据，或者聘用一个数据收集团队，但您也可能会像我们一样，幸运地找到一个免费数据集。斯坦福大学在 2011 年发布了一个包含 50 000 条电影评的数据集 [1]。

---

[1]   http://ai.stanford.edu/~amaas/data/sentiment/

16.3.2　数据

可以从斯坦福大学的网站上下载数据，不过，我们将在这里讲解的解决方案对其他数据集（比如产品评价或社交媒体上的推文）同样适用。从网站下载的数据集是一个 tar 压缩文件，解压后会展开为两个文件夹，即 test 和 train，以及一些包含关于数据集的信息的额外文件。另外，在 Kaggle 上可以找到由 Lakshmipathi N 分享的已经过预处理的数据集的备用副本。[①]

该数据集包含 5 万条评论，每一条评论都被标记为积极或消极。这给出了对神经网络结构的最后一层的提示—— 我们只需要一个带有 sigmoid 激活函数的节点。如果类超过两个，比如积极、消极和中性，我们将创建三个节点，每个节点代表一个情绪类标签。值最高的节点将表示预测结果。

假设已经下载了数据集，其中的 CSV 里每行都包含一条评论和情感。现在，我们可以开始探索它了。

```
import pandas as pd
dataset = "data/IMDB Dataset.csv"
df = pd.read_csv(dataset, sep=",")
sample_row = df.sample()
sample_row['review'].values
Out:
array(["Etienne Girardot is just a character actor--the sort of person people
almost never would know by name. However, he once again plays the coroner--one of
the only actors in the Philo Vance films that played his role more than once.
```

为了简洁，这里只截取了部分输出。您可以使用 sample_row['sentiment'] 来查看这条评论的情感标签，就该样本而言，标签是 positive。

为了准备进行机器学习实验，我们将把数据划分为训练集和测试集。

```
from sklearn.model_selection import train_test_split
X,y = df['review'].values,df['sentiment'].values
X_traindata,X_testdata,y_traindata,y_testdata = train_test_
split(X,y,stratify=y)
print(f'Training Data shape : {X_traindata.shape}')
print(f'Test Data shape     : {X_testdata.shape}')
print(f'Training Target shape : {y_traindata.shape}')
print(f'Test Target shape     : {y_testdata.shape}')
```

[①]　www.kaggle.com/lakshmi25npathi/imdb-dataset-of-50k-movie-reviews

```
Out:
Training Data shape : (37500,)x
Test Data shape     : (12500,)
Training Target shape : (37500,)
Test Target shape    : (12500,)
```

我们知道，大多数模型需要将数据转换为特定的格式。在这个基于循环神经网络（RNN）的模型中，我们需要将数据转换为数字序列，其中每个数字表示词汇表中的一个词。

在预处理阶段，我们需要完成以下几项任务：（1）将所有单词转换为小写；（2）分词（tokenize）并清洗字符串；（3）删除停用词；（4）根据我们对训练语料中的词汇的了解，准备词汇字典并根据该字典将所有单词转换为数字。

我们还将转换情感标签，用 0 表示负面情绪，用 1 表示正面情绪。在这个实现中，我们将词汇量大小限制为 2000，因此在创建序列时只会考虑最常见的 2000 个单词，而忽略其他单词。您可以根据计算能力和目标结果的质量来尝试调整这个数值。具体的实现如下所示：

```python
import re
import numpy as np
from collections import Counter

def preprocess_string(s):
    s = re.sub(r"[^\w\s]", '', s)
    s = re.sub(r"\s+", '', s)
    s = re.sub(r"\d", '', s)
    return s

def mytokenizer(x_train, y_train, x_val, y_val):
    word_list = []
    stop_words = set(stopwords.words('english'))
    for sent in x_train:
        for word in sent.lower().split():
            word = preprocess_string(word)
            if word not in stop_words and word != '':
                word_list.append(word)
    corpus = Counter(word_list)
    corpus_ = sorted(corpus, key=corpus.get, reverse=True)[:2000]
    onehot_dict = {w: i+1 for i, w in enumerate(corpus_)}

    final_list_train, final_list_test = [], []
    for sent in x_train:
```

```
        final_list_train.append([onehot_dict[preprocess_string(word)] for word
in sent.lower().split() if preprocess_string(word) in onehot_dict.keys()])
    for sent in x_val:
        final_list_test.append([onehot_dict[preprocess_string(word)] for word
in sent.lower().split() if preprocess_string(word) in onehot_dict.keys()])
    encoded_train = [1 if label =='positive' else 0 for label in y_train]
    encoded_test = [1 if label =='positive' else 0 for label in y_val]
    return np.array(final_list_train), np.array(encoded_train), np.array(final_
list_test), np.array(encoded_test), onehot_dict
```

现在，我们可以通过以下代码来准备训练和测试数组：

```
X_train,y_train,X_test,y_test,vocab = mytokenizer(X_traindata,y_ traindata,X_
testdata,y_testdata)
```

可能会得到下面这样的错误信息：

```
LookupError:
**********************************************************
  Resource stopwords not found.
  Please use the NLTK Downloader to obtain the resource:

  >>> import nltk
  >>> nltk.download('stopwords')

  For more information see: https://www.nltk.org/data.html
  Attempted to load corpora/stopwords
  Searched in:
    - 'C:\\Users\\JohnDoe/nltk_data'
    - 'C:\\Users\\ JohnDoe \\Anaconda3\\nltk_data'
    - 'C:\\Users\\ JohnDoe \\Anaconda3\\share\\nltk_data'
    - 'C:\\Users\\ JohnDoe \\Anaconda3\\lib\\nltk_data'
    - 'C:\\Users\\ JohnDoe \\AppData\\Roaming\\nltk_data'
    - 'C:\\nltk_data'
    - 'D:\\nltk_data'
    - 'E:\\nltk_data'
**********************************************************
```

这意味着 nltk 中没有停用词列表，我们可以使用 nltk.download() 来安装。这只需要在
python 环境中操作一次。若想了解更多信息，可以参考 NLTK[1] 文档。

　　或者，也可以构建一个停用词列表，并添加逻辑来移除存在于停用词列表中的单词。

---

① www.nltk.org/data.html

在继续下一步之前，我们应该验证对象是否具有正确的形状和大小。

vocab 应该是一个长度为 2000 的字典（我们限制了词汇量的大小）。X_train，y_train，X_test 和 y_test 应该是大小与原始数据集的划分相同的 numpy.ndarray。

因为我们计划使用 RNN 来完成这项任务，而 RNN 需要序列具有一定的长，所以如果一个句子太短，我们必须要填充序列（很可能用 0 填充）。如果一个句子太长，那么我们必须确定一个最大长度并将句子截断。在预测阶段遇到以前未见过的数据时，这种情况可能会更常见。为了确定最大长度，让我们探索一下训练数据集，看看评论有多长。

```
review_length = [len(i) for i in X_train]
print ("Average Review Length : {} \nMaximum Review Length : {}
".format(pd.Series(review_length).mean(), pd.Series(review_length).max())) Out:
Average Review Length : 81.74666666666667
Maximum Review Length : 662
```

由此可见，评论的长度相当长。然而，总体来说，较短的评论占绝大多数，而非常长的评论只是很小的一部分。将评论序列长度截断到 200 个词是比较合理的，虽然这样会丢失超过 200 个词的评论中的信息，但我们认为这样的评论相当少，应该不会对模型的性能产生太大影响。

每条较长的评论都应该限制在 200 个词以内，而如果评论少于 200 个词的话，我们将用空单元（或 0）来填充它。

```
def pad(sentences, seq_len):
    features = np.zeros((len(sentences), seq_len), dtype=int)
    for ii, review in enumerate(sentences):
        if len(review) != 0:
            features[ii, -len(review):] = np.array(review)[:seq_len]
    return features
```

我们可以在使用训练数据集之前进行测试。在下面的行中，我们会传递一个包含 10 个元素的数据行，然后调用函数以填充它，使其长度达到 20。

```
test = pad(np.array([list(range(10))]), 20)
test
Out: array([[0, 0, 0, 0, 0, 0, 0, 0, 0, 0, 0, 1, 2, 3, 4, 5, 6, 7, 8, 9]])
```

如果我们转而发送数字 1 到 30，那么函数将截断后面的 10 个数字。

```
test = pad(np.array([list(range(30))]), 20)
```

```
test
Out: array([[ 0,  1,  2,  3,  4,  5,  6,  7,  8,  9, 10, 11, 12, 13, 14, 15,
16, 17, 18, 19]])
```

现在可以填充测试和训练数据集了。

```
X_train = pad(X_train,200)
X_test = pad(X_test,200)
```

数据现在已经准备就绪。我们可以开始定义神经网络。如果有可用的 GPU，我们就可以将 device 设置为 GPU。我们将在后面的代码中使用这个变量。

```
import torch

is_cuda = torch.cuda.is_available()

if is_cuda:
    device = torch.device("cuda")
else:
    device = torch.device("cpu")
print (device)
Out:
    GPU
```

16.3.3　准备模型

首先，需要将数据集转换为张量。我们可以使用 torch.from_numpy() 创建张量，然后使用 TensorDataset() 将数据值和标签打包在一起。再之后，我们可以定义 DataLoaders 来加载用于更大型的实验的数据。

```
import torch
import torch.nn as nn
import torch.nn.functional as F
from torch.utils.data import TensorDataset, DataLoader

# create Tensor datasets
train_data = TensorDataset(torch.from_numpy(X_train), torch.from_numpy(y_train))
valid_data = TensorDataset(torch.from_numpy(X_test), torch.from_numpy(y_test))

batch_size=50

train_loader = DataLoader(train_data, shuffle=True, batch_size=batch_size)
```

```
valid_loader = DataLoader(valid_data, shuffle=True, batch_size=batch_size)
```

模型非常简单，有一个输入层，然后是 LSTM 层，然后是一个具有 sigmoid 激活函数的输出层。我们将使用一个 dropout 层进行基本的正则化，以避免过拟合。

输入层是一个嵌入层，其形状表示批大小、层大小和序列长度。在模型类中，forward() 方法将实现前向传播的计算。我们还将实现 init_hidden() 方法，以将 LSTM 的隐状态初始化为 0。隐状态存储了 RNN 的内部状态，以维护序列内的记忆概念。其中，内部状态来源于根据当前序列中的既往标识符所做的预测。然而，在读取下一条评论的第一个标识符时，状态应该重置，并由其余的标识符更新和使用。具体的实现如下所示：

```python
class SentimentAnalysisModel(nn.Module):
    def __init__(self, no_layers, vocab_size, hidden_dim, embedding_dim,
output_dim, drop_prob=0.5):
        super(SentimentAnalysisModel,self).__init__()
        self.output_dim = output_dim
        self.hidden_dim = hidden_dim
        self.no_layers = no_layers
        self.vocab_size = vocab_size
        self.embedding = nn.Embedding(vocab_size, embedding_dim)
        self.lstm = nn.LSTM(input_size=embedding_dim, hidden_size=self.hidden_
dim, num_layers=no_layers, batch_first=True)
        self.dropout = nn.Dropout(0.3)
        self.fc = nn.Linear(self.hidden_dim, output_dim)
        self.sig = nn.Sigmoid()

    def forward(self,x,hidden):
        batch_size = x.size(0)
        embeds = self.embedding(x)
        lstm_out, hidden = self.lstm(embeds, hidden)
        lstm_out = lstm_out.contiguous().view(-1, self.hidden_dim)
        out = self.dropout(lstm_out)
        out = self.fc(out)
        sig_out = self.sig(out)
        sig_out = sig_out.view(batch_size, -1)
        sig_out = sig_out[:, -1] # get last batch of labels
        return sig_out, hidden

    def init_hidden(self, batch_size):
        ''' Initializes hidden state '''
        h0 = torch.zeros((self.no_layers, batch_size, self.hidden_dim)).to(device)
        c0 = torch.zeros((self.no_layers, batch_size, self.hidden_dim)).to(device)
```

```
        hidden = (h0,c0)
        return hidden
```

现在我们可以初始化模型对象了。超参数可以单独定义，以便之后对模型进行微调。
no_layers 将被用于定义 RNN 的堆叠（stacking）。vocab_size 增加是为了调整嵌入层的形
状，以容纳填充评论的 0。output_dim 被设置为 1，以让输出层中只有一个节点，该节点
将包含一个数字，它可以被看作评论情感为"积极"的概率。hidden_dim 用于指定 LSTM
中隐藏状态的大小。

```
no_layers = 2
vocab_size = len(vocab) + 1
embedding_dim = 64
output_dim = 1
hidden_dim = 256

model = SentimentAnalysisModel (no_layers, vocab_size, hidden_dim,
embedding_dim, drop_prob=0.5)
model.to(device)

print(model)
```

模型的输出如下所示：

```
SentimentAnalysisModel(
  (embedding): Embedding(2001, 64)
  (lstm): LSTM(64, 256, num_layers=2, batch_first=True)
  (dropout): Dropout(p=0.3, inplace=False)
  (fc): Linear(in_features=256, out_features=1, bias=True)
  (sig): Sigmoid()
)
```

下面开始定义训练循环。我们将使用二元交叉熵损失函数，它非常适合用来解决简单
的二元分类问题。我们将把学习率设为 0.01，优化器是 Adam 优化算法。

我们可以设置训练循环，让它运行许多个 epoch。我们将跟踪每个 epoch 中的准确率
和损失，以观察性能在多个迭代的训练中的改善情况。

准确率会简单地比较输出层的输出并进行四舍五入。在所有样本中，准确率将简单显
示被正确标记的训练数据点的比例。

```
def acc(pred,label):
    return torch.sum(torch.round(pred.squeeze()) == label.squeeze()).item()
```

训练循环将如下实现：

```
lr=0.001
criterion = nn.BCELoss()
optimizer = torch.optim.Adam(model.parameters(), lr=lr)
clip = 5
epochs = 10
valid_loss_min = np.Inf
# train for some number of epochs
epoch_tr_loss,epoch_vl_loss = [],[]
epoch_tr_acc,epoch_vl_acc = [],[]

for epoch in range(epochs):
    train_losses = []
    train_acc = 0.0
    model.train()
    # initialize hidden state
    h = model.init_hidden(batch_size)
    for inputs, labels in train_loader:
        inputs, labels = inputs.to(device), labels.to(device)
        # Creating new variables for the hidden state, otherwise
        # we'd backprop through the entire training history
        h = tuple([each.data for each in h])
        model.zero_grad()
        output,h = model(inputs,h)
        loss = criterion(output.squeeze(), labels.float())
        loss.backward()
        train_losses.append(loss.item())
        # calculating accuracy
        accuracy = acc(output,labels)
        train_acc += accuracy
        #`clip_grad_norm` helps prevent the exploding gradient problem in
        # RNNs / LSTMs.
        nn.utils.clip_grad_norm_(model.parameters(), clip)
        optimizer.step()

    val_h = model.init_hidden(batch_size)
    val_losses = []
    val_acc = 0.0
    model.eval()
    for inputs, labels in valid_loader:
        val_h = tuple([each.data for each in val_h])
        inputs, labels = inputs.to(device), labels.to(device)
        output, val_h = model(inputs, val_h)
```

```
        val_loss = criterion(output.squeeze(), labels.float())
        val_losses.append(val_loss.item())
        accuracy = acc(output,labels)
        val_acc += accuracy

    epoch_train_loss = np.mean(train_losses)
    epoch_val_loss = np.mean(val_losses)
    epoch_train_acc = train_acc/len(train_loader.dataset)
    epoch_val_acc = val_acc/len(valid_loader.dataset)
    epoch_tr_loss.append(epoch_train_loss)
    epoch_vl_loss.append(epoch_val_loss)
    epoch_tr_acc.append(epoch_train_acc)
    epoch_vl_acc.append(epoch_val_acc)
    print(f'Epoch {epoch+1}')
    print(f'train_loss : {epoch_train_loss} val_loss : {epoch_val_loss}')
    print(f'train_accuracy : {epoch_train_acc*100} val_accuracy : {epoch_val_acc*100}')
    if epoch_val_loss <= valid_loss_min:
        torch.save(model.state_dict(), 'data/temp/state_dict.pt')
        print('Validation loss change ({:.6f} --> {:.6f}). Saving model
...'.format(valid_loss_min,epoch_val_loss))
        valid_loss_min = epoch_val_loss
    print('\n')
```

我们已经添加了足够多的 print 语句，可以清晰地显示模型在每个 epoch 中的学习程度了。我们可以看到如下日志：

```
Epoch 1
train_loss : 0.6903249303499858 val_loss : 0.6897501349449158
train_accuracy : 54.666666666666664 val_accuracy : 52.400000000000006
Validation loss change (inf --> 0.689750). Saving model ...

Epoch 2
train_loss : 0.6426109115282694 val_loss : 0.7218503952026367
train_accuracy : 64.8 val_accuracy : 57.199999999999996
```

我们也可以将其可视化为图表，如图 16-5 所示。

```
import matplotlib.pyplot as plt

fig = plt.figure(figsize = (20, 6))
plt.subplot(1, 2, 1)
plt.plot(epoch_tr_acc, label='Train Acc')
plt.plot(epoch_vl_acc, label='Validation Acc')
plt.title("Accuracy")
```

```
plt.legend()
plt.grid()

plt.subplot(1, 2, 2)
plt.plot(epoch_tr_loss, label='Train loss')
plt.plot(epoch_vl_loss, label='Validation loss')
plt.title("Loss")
plt.legend()
plt.grid()

plt.show()
```

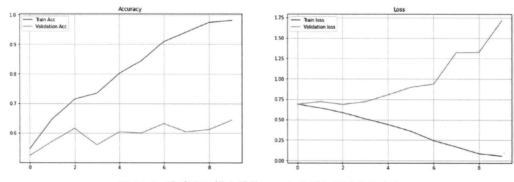

图 16-5　准确率和损失随着 epoch 的增加而产生的变化

为了更好地优化模型，可以尝试调整模型架构和超参数，或者采用更简单的做法，增加 epoch 的数量或者添加更多的已标记数据。

16.3.4　序列化模型，以便未来用于预测

通常来讲，可能会调整网络架构、特征生成（如词汇表的创建）以及其他超参数等方面。当模型达到了足够高的准确率，并能够在实际应用中可靠地使用时，就可以保存模型的状态了。这样做的好处是，要预测某个句子的情感时，我们不必每次都进行计算密集型的训练过程。

假设不会再使用训练方法了，就需要在预测阶段存储以下内容：

- 将句子转换为序列的逻辑
- 包含从词语到数字的映射的词汇表字典
- 网络架构和前向传播的计算逻辑

Python 的 pickle 模块常被用于序列化对象并将其永久保存到磁盘中。PyTorch 提供了一个保存模型参数的方法，这个方法默认使用 pickle，可以用它来保存各种对象，包括模型、张量和字典。

```
torch.save(model.state_dict(), 'model_path.pt')
```

state_dict 是一个 Python 字典对象，它将每一层映射到其参数张量上。以后，可以使用以下代码加载这些参数：

```
model = SentimentAnalysisModel (args)
model.load_state_dict(torch.load('model_path.pt'))
```

需要注意的是，这里只保存了模型的参数。另外还需要在代码中定义您的模型。

Inference 方法可以使用词汇表字典将单词序列转换为数字序列。我们将把这个序列填充到之前设定好的长度（比如 200），然后将其用作模型的输入。这个方法可以如下实现：

```
def inference(text):
    word_seq = np.array([vocab[preprocess_string(word)] for word in text.
    split() if preprocess_string(word) in vocab.keys()])
    word_seq = np.expand_dims(word_seq,axis=0)
    padded =  torch.from_numpy(pad(word_seq,500))
    inputs = padded.to(device)
    batch_size = 1
    h = model.init_hidden(batch_size)
    h = tuple([each.data for each in h])
    output, h = model(inputs, h)
    return(output.item())
```

可以直接调用该方法来获取情感评分。在想进行推理（inference）的时候调用 model.eval() 方法。

```
inference("The plot was deeply engaging and I couldn't move")
```

这将对句子进行预处理，将其分割为标识符，转换为词汇表索引的序列，将输入序列传递给神经网络，并在一次前向传播后返回在输出层得到的值。它返回了 0.6632 的值，这表示积极情感。如果使用情境需要的话，您可以添加一个条件语句，以返回含有 "positive" 或 "negative" 的字符串，而不是数字。

16.3.5　托管模型

在规模更大的应用中使用训练过的模型的一种常见方式是将模型作为微服务进行托管。这意味着我们将使用一个可以接受 GET 请求的小型 HTTP 服务器。

在本例中，可以构建并创建一个能够接受 GET 数据（也就是评论）的服务器。服务器将读取数据并返回一个情感标签。

Flask 中的 Hello World

如果还没有安装 Flask 的话，可以使用以下命令进行安装：

```
pip install Flask
```

以下是一个在 Flask 中的非常简单的 Hello World 应用。需要创建一个 Flask() 对象，并实现一个由 @app.route() 定义的地址所使用的函数。在这里，我们定义了一个端点，它将接收到服务器 URL 请求，该 URL 将被表示为 http://server-url:5000/hello 并返回一个"Hello World！"字符串。我们需要做出如下指定：

```
from flask import Flask
app = Flask(__name__)

@app.route('/hello')
def hello():
    return 'Hello World!'
app.run(port=5000)
```

如果在 Jupyter 或终端上运行以上代码，就能够看到服务器日志：

```
* Serving Flask app "__main__" (lazy loading)
 * Environment: production
   WARNING: This is a development server. Do not use it in a production deployment.
   Use a production WSGI server instead.
 * Debug mode: off
```

现在，可以在浏览器中打开 http://127.0.0.1:5000/hello 并确认输出。服务器的日志将确认这一点。

```
127.0.0.1 - - [28/Jun/2021 10:10:00] "GET /hello HTTP/1.1" 200
```

为了托管模型，可以创建一个新的 Python 文件并定义一个新函数：

```
@app.route("/getsentiment", methods=['GET'])
def addParams():
  args = request.args
  text = args['reviewtext']
  score = inference(text)
  label = 'positive' if score >0.5 else 'negative'
  return {'sentimentscore': score, 'sentimentlabel':label}
```

前端应用可以向 http://server:port/getsentiment 发送请求，并将数据作为 reviewtext 参数发送，然后接收一个包含 sentimentscore 和 sentimentlabel 的 json/ 字典作为响应。

16.4　未来可期

机器学习、人工智能和数据科学领域在过去几十年中一直在发展壮大，随着新硬件技术和算法的持续进化，这些领域也将不断发展。AI 并不是什么魔法棒，它不能解决我们自己也无法解决的问题。它是一套结构良好的概念、理论和技术，能够帮助我们理解并实现解决方案，让机器通过我们所提供的数据进行学习。至关重要的是，我们需要了解潜在偏见的影响，并从项目和产品的道德层面，对我们的实践成果进行彻底的审视。本书并不是带领大家走到数据科学之旅的终点，而是一个便捷的工具，为大家未来的旅途指明方向。